从 新 手 到 高 手

抖音+剪映
+Premiere
短视频制作从新手到高手

王斐 / 编著

清华大学出版社

北京

内 容 简 介

本书是为短视频新手创作者打造的一本实用型书籍,适用于对短视频感兴趣或有意向从事短视频制作、电商营销推广、自媒体运营等行业的用户。全书内容丰富,图文并茂,涵盖大量特点鲜明的案例,直观地展示了本书所涵盖的内容技巧,读者阅读后,能举一反三地将技术拓展应用到其他作品中。

本书共包含 12 章内容,从多方面入手,详细阐述短视频的拍摄、后期处理技巧和发布技巧,旨在让读者在实操中掌握并巩固短视频创作基础。随书提供了相关案例素材、效果文件及教学视频,可有效帮助读者解决创作中遇到的疑点和难题。

本书内容新颖,注重实操,读者可通过本书内容获得灵感及帮助,快速全面地掌握短视频的核心制作流程,轻松玩转各大短视频平台,同时可以将自己的作品更为广泛地传播出去。

图书在版编目(CIP)数据

抖音 + 剪映 +Premiere 短视频制作从新手到高手 / 王斐编著 . —北京:清华大学出版社,2021.7
(2024.3 重印)

(从新手到高手)

ISBN 978-7-302-58724-8

Ⅰ. ①抖… Ⅱ. ①王… Ⅲ. ①视频制作 Ⅳ. ① TN948.4

中国版本图书馆 CIP 数据核字 (2021) 第 138232 号

责任编辑:陈绿春
封面设计:潘国文
责任校对:徐俊伟
责任印制:曹婉颖

出版发行:清华大学出版社

网　　　址:https://www.tup.com.cn,https://www.wqxuetang.com

地　　　址:北京清华大学学研大厦 A 座　　　邮　　编:100084

社 总 机:010-83470000　　　邮　　购:010-62786544

投稿与读者服务:010-62776969,c-service@tup.tsinghua.edu.cn

质 量 反 馈:010-62772015,zhiliang@tup.tsinghua.edu.cn

印 装 者:小森印刷(北京)有限公司

经　　销:全国新华书店

开　　本:188mm×260mm　　　印　　张:12　　　字　　数:371 千字

版　　次:2021 年 9 月第 1 版　　　印　　次:2024 年 3 月第 7 次印刷

定　　价:79.00 元

产品编号:091293-01

前　言

　　短视频是当下极为火爆的互联网内容传播方式，其凭借年轻化、个性化等突出特点吸引大批用户。短视频用户通常在空闲时间浏览视频，久而久之，许多用户开始产生从观众转变为创作者的想法。这部分用户如何创作优秀的视频内容，且在传播后如何让内容收获更多的点赞和转发，成了需要重点思考的问题。本书便是基于这部分创作者的需求而诞生的。

编写目的

　　本书从前期策划、拍摄、剪辑、发布四个方面展开讲解，旨在辅助创作者高效完成短视频作品的创作及运营。全书为读者介绍了短视频的策划拍摄、辅助工具的应用、后期处理的相关操作及视频的发布管理，随内容配备相关实操案例，能帮助读者进一步巩固和强化操作基础，帮助读者快速且高效地从短视频新手成长为高手。

本书内容安排

　　本书的内容安排如下。

章　名	内 容 安 排
第1章 新手上路，需要掌握的短视频基础	介绍短视频的拍摄基础，主要从拍摄设备、补光、收音三个方面展开讲解
第2章 主题策划，创意才是打动观众的关键	介绍短视频的前期策划技巧，主要从确定主题、寻找定位、编写剧本、创建拍摄脚本四个方面展开讲解
第3章 拍摄运镜，拍出酷炫短视频的必学技巧	主要介绍短视频的拍摄技巧，重点介绍推、拉、摇、移等八类拍摄运镜方法
第4章 抖音App，拍摄加工一气呵成	讲解抖音App的使用方法，包括软件功能界面及功能实操、具体应用等内容
第5章 剪映App，手机也能完成大片制作	主要讲解在手机剪辑软件剪映中，对视频进行剪辑、效果添加、特效合成等操作的方法
第6章 Premiere Pro，功能强大的视频剪辑软件	以案例的形式，介绍计算机剪辑软件Premiere Pro的功能和基本操作，并详细介绍了完整的视频剪辑流程
第7章 辅助工具，解决短视频制作的多重需求	主要介绍短视频中常用的辅助工具，包含录屏工具、格式转换工具、压缩工具、图像处理工具和字幕添加工具等

章　　　名	内 容 安 排
第8章 片头片尾，迅速打造个性短视频账号	主要介绍个性化短视频片头、片尾的制作方法
第9章 创意转场，提升视频档次的关键元素	主要介绍使用Premiere Pro为短视频制作特殊转场效果的方法
第10章 文字特效，画面中必不可少的吸睛点	以案例的形式，为读者详细介绍七款短视频文字效果的制作方法
第11章 画面优化，让作品锦上添花	以理论和实操相结合的方式，介绍提高短视频画面质感的方法
第12章 视频发布，将内容分享到更多平台	为读者介绍九种短视频发布平台及内容的发布技巧

本书写作特色

本书将基础理论和实操训练相结合，让短视频新手在了解基本概念的同时，还能提高创作水平。通过本书，读者不仅可以了解短视频的相关知识，还能在实操练习的过程中掌握短视频的制作方法及技巧，将所学的技术灵活应用到其他短视频创作中。

配套资源下载

本书的相关教学视频和配套素材请用微信扫描下方的二维码进行下载。用微信扫描书中相应位置的二维码，可直接观看相关视频。

视频下载　　　资源下载

如果在配套资源的下载过程中碰到问题，请联系陈老师，邮箱：chenlch@tup.tsinghua.edu.cn。

致谢

感谢长期以来一直关心、帮助和支持我的家人、朋友以及参与本书出版的工作人员。特别感谢我的父亲，他淳朴如山的爱是我前行的不懈动力，让我的人生幸福如春，父爱无限、亲情无边，衷心祝愿天下所有的父母幸福、安康。

作者信息和技术支持

本书由北京印刷学院王斐老师编著，参与编写的人员还包括北京邮电大学世纪学院孙丽娜、肖建军、姜智源、李佩凝老师。在本书的编写过程中，我们以科学、严谨的态度，力求精益求精，但疏漏之处在所难免，如果有任何技术上的问题，请扫描下方的二维码，联系相关的技术人员进行解决。

技术支持

编者

2021年5月

目 录

第7章 辅助工具，解决短视频制作的多重需求 / 76

第8章 片头片尾，迅速打造个性短视频账号 / 84

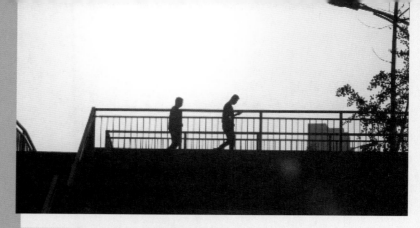

第12章　视频发布，将内容分享到更多平台　/　163

第1章
新手上路，需要掌握的短视频基础

在信息技术极速发展的当代社会，短视频的风潮越来越火热，开始学习短视频制作，以及想要利用短视频获取收益的人日益增多。作为短视频入门新手，首先应当掌握高效拍摄短视频的基础知识，下面介绍短视频拍摄前需要做的准备工作。

1.1 选择合适的拍摄设备

高质量的视频作品往往需要借助一些专业设备来完成，拍摄设备决定了最终画面的质量，同时针对不同的场景，也需要用到不同的拍摄设备。短视频创作是一条成长之路，大家可以在这个过程中，根据自身专业水平的提升，升级拍摄设备，毕竟适合自己的才是最好的。

1.1.1 手机

手机具有方便携带、性价比高和操作简单的特点，只要找好构图或利用好外部道具，也可以拍摄出优质的画面。对于大部分刚开始尝试拍摄短视频的新手来说，一部手机足以搞定大部分拍摄场景，如图1-1所示。但是手机与专业的拍摄器材相比，画面质量还是稍显逊色，且供后期处理的空间较小，对于专业的短视频拍摄团队来说，使用更专业的拍摄器材会更好。

图1-1

1.1.2 微单

微单是大多数Vlog拍摄者的不二选择，集便携和专业为一体，如图1-2和图1-3所示。与手机相比，同等价位的微单在拍摄性能、焦距覆盖范围及画质上都更胜一筹，高端微单还能满足专业摄影的需求。对于新手Vlog博主来说，在提高了摄影水平并累积一定的拍摄经验后，可以选择购买微单。

图1-2

图1-3

1.1.3 单反相机

单反相机相比微单来说，专业性和续航能力更强，并且镜头群数量多，适合专业能力强的摄影人士及对画质要求较高的用户使用，如图1-4所示。单反相机比上述两种设备的价格更高，机身和镜头也相对更重，不适合长时间携带出行。需要注意的是，单反相机的参数设置和镜头配置都有着更强的专业性，对于入门级或初学者来说难以掌握拍摄技巧。

图1-4

微单和单反都可以根据场景的需求配备合适的镜头，常见的镜头类型有广角镜头、定焦镜头、长焦镜头和微距镜头等。广角镜头是一款焦距很短、视角范围大且景深很深的镜头，如图1-5所示，通常用于拍摄大场景或小空间的全景，突出被摄场景的宽阔或高大，如图1-6所示。鱼眼镜头是一种极端的广角镜头，因镜片向前凸出像鱼的眼睛而得此名，如图1-7所示，其视角范围比广角镜头更大，超出了人眼所能看到的范围，拍出的图像呈畸变效果，带有强烈的视觉冲击感，如图1-8所示。

图1-5

图1-6

图1-7

图1-8

定焦镜头是只有一个固定焦距的镜头，不具有变焦功能，如图1-9所示，与变焦镜头相比，定焦镜头的对焦准确且速度快，成像质量稳定，光圈大，虚化效果更好，非常适合近距离拍摄人像、静物等，如图1-10所示。

图1-9

图1-10

长焦镜头是指比标准镜头焦距长的镜头，分为普通远摄镜头和超远摄镜头两种类型。一般来说，镜头焦距在85～300毫米的为普通远摄镜头，如图1-11所示；镜头焦距为300毫米以上的为超远摄镜头，如图1-12所示。长焦镜头通常在演出现场、野外摄影、拍摄月亮等时使用，将远处的景拉近拍摄，如图1-13所示。

图1-11

图1-12

图1-13

微距镜头是一种用作微距摄影的特殊镜头，适用于近距离拍摄和一般拍摄，如图1-14所示。微距镜头多用于表现昆虫、饰品等物品的细节，可以很好地表现对象的特点，如图1-15所示。

图1-14

图1-15

1.2 使用三脚架拍摄稳定场景

三脚架是用来稳定相机的一种支撑架，在一些特殊拍摄情况下，可以营造相对稳定的拍摄条件。三脚架通常分为相机三脚架和手机三脚架，使用方法和功能也有所不同，下面分别介绍两种三脚架的特点。

1.2.1 相机三脚架

根据材质，相机三脚架可分为碳纤维三脚架和铝合金三脚架两种。这两款三脚架均可反折收纳，且能够自由地调整云台角度。碳纤维材质比铝合金材质轻便，价格也更高，环境适应能力比铝合金三脚架要好，防刮防腐蚀，韧性较强，适合经常外出

拍摄的用户使用，以减轻负担，同时在野外恶劣的环境中能减少给三脚架带来的损害，如图1-16所示。铝合金材质的三脚架比碳纤维三脚架的性价比要高，虽然材质要重，但胜在稳定性强，适合在室内拍摄时使用，如图1-17所示。

图1-16　　　　　　图1-17

1.2.2 手机三脚架

手机三脚架适合日常拍摄，轻便易携带，适用多种场景拍摄需求，性价比极高，下面为读者介绍两种常见的手机三脚架。

1. 八爪鱼式三脚架

八爪鱼式三脚架的体积小且重量轻，可以放置在桌上，也可以手持拍摄，如图1-18所示。八爪鱼式三脚架的使用范围非常广，无论是旅行、Vlog拍摄，还是室内直播评测等场景都可以使用，如图1-19所示。同时，桌面型三脚架也是拍摄一些特殊效果的必备物品，例如在拍摄水中倒影时，或在一些地形不平稳的地方，八爪鱼式三脚架也能稳定立住。

图1-18

图1-19

2.落地式三脚架

落地式三脚架常用于直播、Vlog、测评等视频的拍摄，具有稳定性高、不易倾倒的特点。落地式三脚架可自由伸缩调整高度，如图1-20所示。若配备360°旋转云台，则能够任意调节拍摄角度，满足不同的拍摄需求，如图1-21所示，在有远程拍摄的情况下，将蓝牙装置与拍摄设备连接，就能轻松实现远程遥控自拍，如图1-22所示。

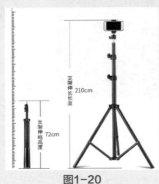

图1-20

图1-21

图1-22

> ◎提示 ·◎
>
> 在进行直播时，可以为三脚架加装环形补光灯，以达到更好的美颜效果，如图1-23所示。

图1-23

1.3 使用稳定器拍摄稳定运动镜头

稳定器是短视频拍摄工作中至关重要的辅助工具，能帮助创作者拍摄出平稳顺滑的画面，提升作品的档次，下面详细介绍稳定器的作用。

稳定器由三个陀螺仪电机构成，每个陀螺仪电机控制一个维度的稳定。电机控制拍摄时的方向和转速，可以有效纠正画面倾斜，即使在运动状态下拍摄，也能保证画面的流畅度和稳定性。手机稳定器重量较轻，方便携带出行，如图1-24所示，一般用于手持运动拍摄，也适用于直播、全景摄影、物体追踪拍摄等，对于摄影技术还不成熟的初级人士来说，能大大提高画面质量。如果是技术成熟并且想追求更高画质的用户，则需要根据自身拍摄设备情况来选择合适的相机稳定器，相机稳定器的承重能力更强，如图1-25所示。

图1-24   图1-25

1.4 使用补光灯满足拍摄需求

补光灯是用来对缺乏光照度的设备进行灯光补偿的工具，在短视频拍摄中常用的摄影补光灯可分为环形补光灯、常亮灯和便携补光灯，其中便携补光灯按形状又可以分为方形补光灯和棒形补光灯。下面一一介绍这几种补光灯。

1.4.1 环形补光灯

环形补光灯，即如图1-26所示的环状灯，环形的设计是为了增大光线发射的面积，光照强度可调节，灯光柔和，在人的眼睛里会反映出一个环形的光斑，因此显得人眼特别有神，是美妆博主和带货博主的不二选择，如图1-27所示。环形补光灯的缺点是可控制的光线角度较少，一个光不能解决所有面光问题。

图1-26

图1-27

1.4.2 常亮灯

常亮灯是棚内摄影用的灯光，常与反光板、柔光箱、雷达罩等配件搭配使用，如图1-28所示。这种灯光价格较高，专业性较强，在棚内除了拍摄人像之外，还可以拍摄各种静物和小物件等，所以对于布光的要求非常高，适合有扎实基础的专业摄影人士使用。常亮灯的优势在于其可以利用配件来把控光线的方向和角度，精准地把光打在需要表现或突出的位置。在进行拍摄创作时，常与闪光灯配合使用，主要起到引导及把控方向的作用。

图1-28

1.4.3 便携补光灯

在便携补光灯中，方形补光灯一般比较小巧，打光均匀柔和，如图1-29所示，通常在婚庆摄影、直播，以及珠宝、玩具、装饰品等拍摄工作中使用。这类补光灯支持色温调节，可以满足不同场景下的灯光需求，如图1-30所示。

图1-29

图1-30

此外，市面上大多方形补光灯能自由变换补光灯角度，以实现多角度调节补光，实用性非常强，如图1-31所示。大部分方形补光灯支持三脚架、相机、摄像机等多种加装方式，如图1-32所示。

图1-31

图1-32

相较于环形补光灯，棒形补光灯打光不均匀，容易产生阴影，更适用于局部打光和侧面拍摄时打光，用户可以通过安装挡板的方式来控制光源，达到聚光的目的，如图1-33所示。部分棒形补光灯还具有彩色模式和特效模式，在彩色模式下用户可设置不同的灯光颜色，如图1-34所示；在特效模式下，则可以根据具体场景模拟出适合的光效，达到逼真的布光效果，如雷电、警车、电视、爆炸等灯光效果。

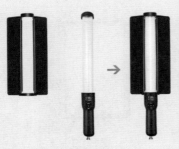

图1-33

图1-34

1.5 使用麦克风收录无损音质

麦克风就是话筒,是一种将声音转换成电信号的换能器。麦克风的种类有很多,每一类麦克风都是针对特定场景来使用的,本节为大家介绍短视频制作时常用的一些麦克风设备。

1.5.1 领夹式麦克风

领夹式麦克风分为有线和无线两种类型,特点是无需手持,且样式小巧轻便,便于隐藏于衣领下方。其中,有线领夹式麦克风可以直接与手机、电脑、摄像机等设备连接使用,如图1-35所示,只需将麦克风的连接线插入设备接口中即可将声音收录进去,如图1-36所示。

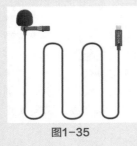

图1-35

图1-36

无线领夹式麦克风主要由发射器和接收机组成,收音范围广(空旷地带100米以内),如图1-37所示,左边为接收机,右边为发射器,发射器用来连接领夹麦克风,发射音频信号,接收机用来与录制设备连接,接收音频信号,在拍摄时,只需根据设备使用说明将发射器和接收机配对连接,进行频道匹配,匹配成功后即可开始使用。

图1-37

1.5.2 桌面式电容麦克风

桌面式电容麦克风的特点是方便携带、重量轻,降噪效果好且声音清晰,性价比非常高,适用于各大主流应用软件,使用时只需将线的接口与设备连接,如图1-38所示。此类麦克风适合在室内、近距离和安静的环境中使用。

图1-38

1.6 本章小结

作为短视频入门新手,大家可以在日常的实践和练习中提升并巩固短视频拍摄技术,同时也应具备导演思维,站在观众的立场去思考:拍什么?怎么拍?怎样才能把视频拍得更有吸引力?

除了必不可少的拍摄设备外,内容也是至关重要的一点,如果内容足够亮眼吸睛,在一定程度上也可以让观众忽略拍摄上的瑕疵。总之,设备与内容相辅相成,高质量的视频内容将专业拍摄设备的优势发挥到极致,精彩的内容也需要靠优秀的前期拍摄来完美展现。

第2章
主题策划，创意才是打动观众的关键

如果说技术和设备是创作短视频的必要前提，那么主题策划就是为短视频注入灵魂的存在，一个优秀的短视频策划可以将技术和设备发挥利用到极致。本章将从三个需求点出发，为读者讲解如何策划优秀且具有创意的主题。

2.1 如何确定内容的定位及主题

短视频如今已步入成熟期，市场亦趋于饱和，因此视频内容的规划变得尤为重要。对于短视频创作新手来说，在开始拍摄之前，一定要明确内容主题，将自己要做的事情及要阐述的观点和要表达的情感确定下来。

2.1.1 定位的意义

定位即账号的标签和设定，在创作前要对视频内容的表现形式进行定位，不能随心所欲地今天拍日常，明天改拍解说，后天又换另一个方向。定位模糊的账号很难吸引到一批固定受众群体，账号流量不稳定，账号就很难火起来。

一般来说，平台会为观众和创作者都贴上一个标签，平台会根据观众的浏览习惯给观众贴上该领域的标签，迎合观众的喜好来推送该领域的内容。因此，只有账号进行了精准定位，平台才会将内容精准地推送给相同领域的观众，才能给账号带来流量，账号日后才能持续输出垂直的作品。

2.1.2 找准定位

在给账号找定位前，先思考自己擅长什么、喜欢什么、想做什么。例如，影视后期相关从业人员，可以利用自己在技术上的优势，将账号定位为技术流类型，通过制作特效视频来吸引粉丝。也可以将账号定位为技巧向类型，用30秒或1分钟介绍一种易学且实用的软件使用小技巧。

软件技巧向账号常见的片头表现形式有三种：第一种是以纯文字开头，用15～20个文字引出视频的内容，如图2-1所示；第二种是用画面效果添加的前后对比来引出视频所要讲解的技巧，如图2-2所示；最后一种则是以"真人出镜+文字叙述"的形式呈现，如图2-3所示。

图2-1

图2-2

图2-3

下面介绍当下五个主流创作方向供读者参考。

1. 美食类

如果没有擅长的领域，只是一个美食爱好者，想带领大家尝遍各式各样的美食，那就需要先明确自己想用哪种风格和形式去呈现视频内容。在此之前，可以去网上搜索查找美食相关的博主或视频，浏览不同的表现形式，然后思考哪种形式适合自己，且是有信心做好的。常见的美食向视频呈现的形式分为三种：教程类、探店类、美食Vlog类，如图2-4~图2-6所示。

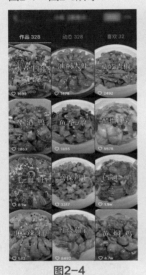

图2-4　　　　　　　　　图2-5

图2-6

2. 美妆穿搭类

在当前"颜值即正义"的大环境下，人们越来越看重自己的外表，对美的追求也越来越狂热，于是各类美妆博主、穿搭博主如雨后春笋般崛起，网络上遍布着不同类型的美妆和穿搭类短视频。

美妆类视频通常分为教学和测评两种类型，教学类视频多由"真人出镜+文字叙述"的形式构成，封面标题或片头就直接介绍了视频所要呈现的主题，如图2-7所示，这一类视频普遍是持更向视频，以"变美"这个主题进行持续性的创作并形成一个合集，如图2-8所示，对这方面有需要的观众便会关注账号，能达到精准吸粉的目的。测评类视频则主要从产品成分说明、效果测评和使用感受三个方面进行阐述，拍摄这类视频，在产品方面通常需要选择当下火爆、流行或口碑两极分化严重的产品，如图2-9所示，所以在做测评类账号时，一定要紧跟时事，关注热点。

图2-7　　　　　　　　　图2-8

图2-9

还有两种较为常见的类型是仿妆和素人改造，仿妆类视频和测评类视频有一个共同点，都需要紧跟时事。仿妆一般为模仿当下热度较高的电影或电视剧中的角色，或是广为流传的经典角色，这些角色大众性高，自带热度，把握好机会也能给自身带来流量，如图2-10和图2-11所示；而素人改造类视频本身就是一个很有话题和趣味性的主题，如图2-12所示。

图2-10   图2-11

图2-12

下面为读者介绍五种常见的穿搭向视频的定位类型，分别是好物分享类、Vlog日常类、穿搭技巧类、素人改造类和质量测评类。做好物分享类账号必须对时尚潮流足够了解，且这类视频通常需要不同的产品来进行展示对比，对创作者的经济方面要求较高，如图2-13所示。Vlog日常类视频以真实为

特点，展现自然随性的穿搭风格，视频表现形式多种多样，将主人公的日常生活和不同场景中的穿搭结合在一起，形成有内容且质量高的Vlog式穿搭视频，如图2-14所示。穿搭技巧类视频主打的就是一物多用，将一件衣服穿出多种风格，以丰富的展现形式来吸引观众的眼球，给自己带来流量，如图2-15所示。

图2-13   图2-14

图2-15

素人改造类视频以改造前后的巨大反差为看点，激起观众的好奇心，迅速让观众对这款衣服感兴趣并激发购买欲，也能引发观众对账号日后视频内容的持续性关注，如图2-16所示，创作者可以巧妙地在视频中插入自己的广告，达到变现的目的。质量测评类视频在这个看得见摸不着的网购时代，无疑给消费者减少了"照骗"带来的隐患和担忧，这类视频主要从服

装的面料、做工、版型等细节出发，给观众展现同款
不同价在质量上的差异，如图2-17所示。

图2-16

图2-17

3. Vlog类

Vlog其实不只是短视频，其时长可长、可短，没有明确界限，只是短视频这个大类中的一种。Vlog短视频的局限性小，有丰富的空间供创作者展示，可以是基本的日常向视频，如图2-18所示。如果是海外党，可以抓住国内外的差异点来拍摄视频，分享给观众，吸引观众的好奇心，如图2-19所示。如果是旅行爱好者，可以将沿途的风景和趣事记录下来，带着观众来一场"云旅游"，如图2-20所示。如同短视频这个名字一样，其精髓在于短，如何在有限的时间里将内容的精华集结在一起，这就需要创作者花心思去研究了。

图2-18

图2-19

图2-20

4. 情景短剧类

情景短剧多以创意搞笑形式呈现，这是短视频市场的热门表现形式之一。情景短剧的主题内容丰富多样，制作流程简单且贴近生活。有的创作者将这类视频以连续剧的形式来拍摄，深受广大观众的喜欢，如图2-21和图2-22所示，如果其中一个视频火了，那么整个系列的热度都会相应提高。

图2-21

图2-22

5. 萌宠类

萌宠类视频是一个自带流量和稳定观看群体的类型，如图2-23和图2-24所示。萌宠类视频的受众大多是养有宠物，或是喜欢小动物，却因个人条件及其他原因无法养宠物的人。这类观众以观看视频的形式开始"云养宠"，同时希望通过这种方式来缓解现实生活中的压力。

图2-23    图2-24

例，为大家讲解文案剧本的写作技巧。

2.2.1 设置一个吸引人的开头

短视频的开头决定了大部分观众是否会继续将视频看下去，平淡无奇的开头往往无法勾起观众观看下去的欲望。视频的开场不妨以疑问句的形式展开，例如"火爆整座城市的XX美食店果真如此吗？"，这样的句式既能吸引有着相同需求的观众，也能留住没有需求但有好奇心的观众，如图2-28～图2-30所示。除了疑问句形式，将主题的精华、高潮部分放在开头先展露一部分，这种"剧透式"的方法也能达到吸引观众的目的，同时还直接体现了视频的主题。

图2-28   图2-29

2.1.3 明确主题

主题是决定短视频能否被广泛传播的重要因素之一。在完成账号的定位后，便要确定具体的拍摄主题，例如账号定位为美食向，就需要思考自己是拍美食中的哪一种。要解决这一问题，创作者可以在B站、微博、抖音等平台搜索优秀的短视频博主，对他们的视频进行分析和学习，观察他们的主题定位、叙事方法及传达感情的方式，从中获取灵感并进行学习和尝试，如图2-25～图2-27所示。

图2-25

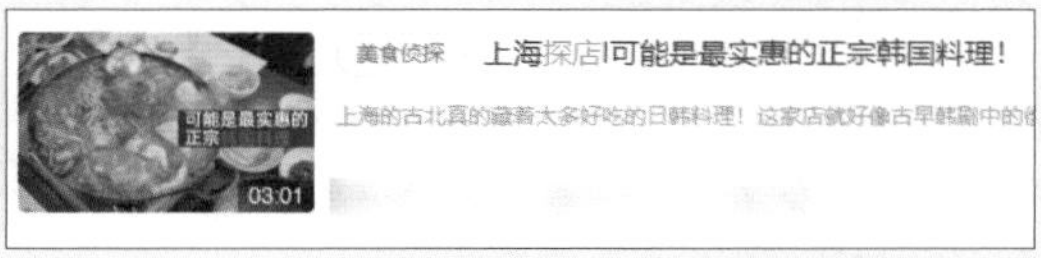

图2-26

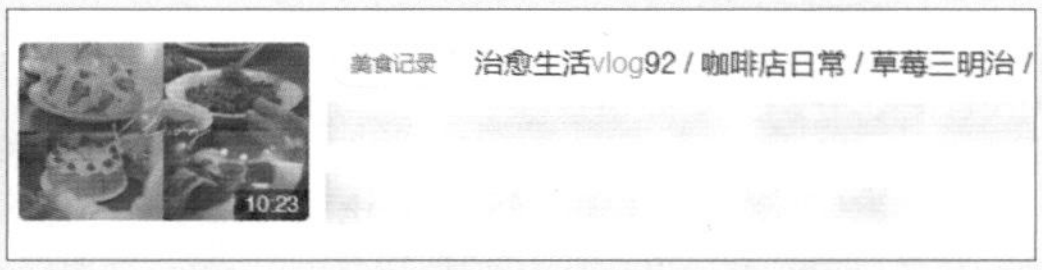

图2-27

2.2 短视频文案剧本怎么写

确定选题后，需要将主题的主要内容罗列出来。下面以拟写美食主题短视频的文案剧本为

图2-30

2.2.2 抓住大众痛点引发共鸣

关于美食店，大众比较关心的是实物与网上描述的是否一致，以及店内的卫生情况、服务态度、有无额外收费等方面。这些话题本身自带关注点和热度，因此在写文案时可以围绕这些方面来写，如图2-31～图2-33所示。

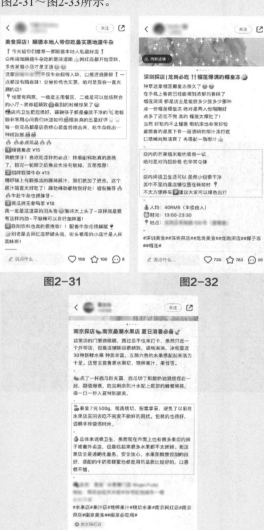

图2-31

图2-32

图2-33

2.2.3 将主题与观点相结合

生活中形形色色的人有很多，他们或多或少都有过同样的问题或经历，这个时候需要将这些问题进行整理并找出其中的共性，进行总结，形成一个观点，留下一个互动问题给观众。例如，以当下大众关注的饮食安全问题为主题，引发大众对于饮食问题的讨论，如图2-34所示，然后将所有的观点整合到一起并提出解决方法，作为下一期视频的开头，如图2-35所示。

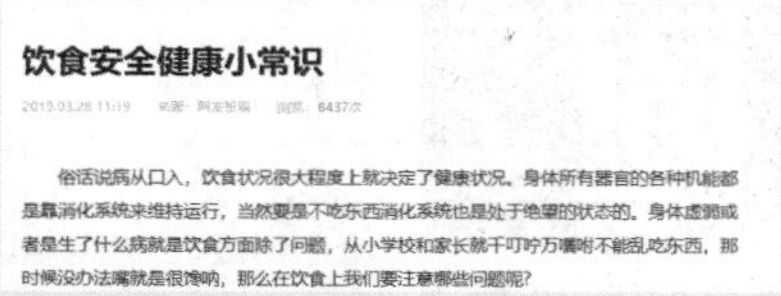

饮食安全健康小常识

俗话说病从口入，饮食状况很大程度上就决定了健康状况。身体所有器官的各种机能都是靠消化系统来维持运行，当然要是不吃东西消化系统也是处于绝望的状态的。身体虚弱或者是生了什么病就是饮食方面除了问题，从小学校和家长就千叮咛万嘱咐不能乱吃东西，那时候没办法嘴就是很馋呐，那么在饮食上我们要注意哪些问题呢?

图2-34

中国饮食文化博大精深，吃的东西能给我们带来很多的味蕾上的享受和精神上的释放。但是一定要少吃外面得我垃圾食品哦，还有的就是也别误食了哦，误食了东西以后后果也是不轻的，不好的饮食搭配就像吃了毒药一样，也不要对吃东西产生惧怕心理，一般的食材都不会产生矛盾的，如果食欲不振就看看美食节目《舌尖上的中国》和《风味人间》，良心节目良心推荐呢！

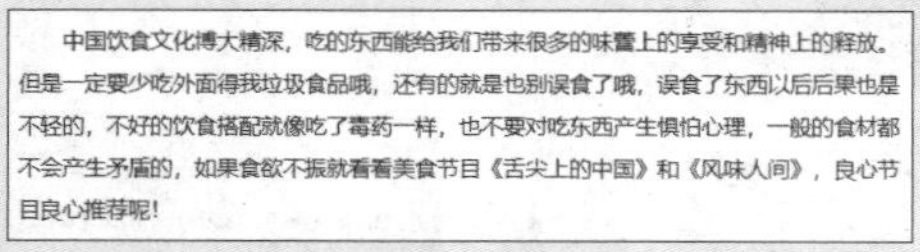

图2-35

2.3 如何创建拍摄脚本

脚本是短视频创作环节必不可少的内容，是进行拍摄及后期处理的依据及蓝图，是演员和创作人员领会导演意图、理解剧本内容并进行再创作的依据，同时也是视频时长和经费预算的参考。脚本是高效拍摄的前提和基础，完整优秀的脚本不仅能节省拍摄时间、经费等，还能帮助创作者在短时间内拍出自己满意的画面。短视频脚本一般可分为拍摄提纲、分镜头脚本及文学脚本三种类型，下面进行具体介绍。

2.3.1 拍摄提纲

拍摄提纲是指为某些场面制定，起到提示性作用的拍摄要点，常见于新闻纪录片、故事片，适用于制作人物传记类账号，其他类型的账号则不建议使用该方法。

2.3.2 分镜头脚本

分镜头脚本是将文字转换成用镜头直接表现的画面，包括场景、景别、服装、角度、道具、机位等，下面逐个介绍这些概念。

1．场景

即拍摄的场地、环境，例如书店、大厦、咖啡店等。

2．景别

景别即镜头拍摄的类别，是被摄主体在画面

中所占据的大小和范围，一般可以划分为远景、全景、中景、近景、特写五种类型，如图2-36和图2-37所示。不同的拍摄距离会产生不同的景别，并呈现不同的画面效果和感情表达能力。下面以拍摄人物对象为例，详细介绍五种景别的含义。

图2-36

图2-37

> 远景：远景视野广泛，被摄空间范围大，在气势、规模、视野方面的表现力较其他景别更强。如果将整个人物和背景全部拍进画面中，那么人物在画面中所占面积会很小，如图2-38所示。远景通常用来介绍故事的背景、环境，强调场面的深远，可起到渲染气氛的作用。

图2-38

◎提示·◎

　　远景可分为大远景和一般远景两类。大远景适用于表现宏伟、壮观的大自然风景，例如辽阔的大草原、璀璨壮丽的极光、重峦叠嶂的高山等，如图2-39所示；一般远景则用来表现较为开阔的空间，画面中出现的人物也只是隐约可见，难以分辨其外貌特征，如图2-40所示。

图2-39

图2-40

> 全景：全景比远景更近一些，拍摄的主体为人物，可将整个人物都拍进画面中，却又保留一部分人物活动的空间，通过人物的面部表情或行为动作来表现人物的状态，反映人物的内心情感等，如图2-41和图2-42所示。

图2-41

图2-42

◎提示·◎

　　全景可用于表现人物与环境的关系，展示人物在某个环境空间内所进行的活动，是塑造环境中的人或物的主要手段，如图2-43和图2-44所示，主体人物是一位登山者，摄影师用全景画面描述了登山者在山中驻足停留并进行拍照这一个活动过程，清楚地介绍了人物动作和周边环境。

01 02 03 04 05 06 07 08 09 10 11 12

第2章　主题策划，创意才是打动观众的关键

图2-43

图2-44

➤ 中景：即拍摄人物膝盖以上的部分，符合一般人的视野，观众能看清人物的面部表情、肢体动作等，如图2-45所示。在中景镜头中，人物在画面中占据的面积较大，而周围环境只展示了一部分，为了凸显主体对象，有时会对背景进行模糊处理，如图2-46所示。

图2-45

图2-46

➤ 近景：即拍摄人物胸部以上的部分，主要用来表现人物的面部表情及神态，如图2-47所示。在近景画面中，背景和环境的展示范围进一步缩小，所展现的空间范围比中景更小，被摄主体在画面中的主导地位更为突出。

图2-47

➤ 特写：特写镜头所表现的画面单一，基本看不见周围环境。在以人物作为拍摄主体时，通过放大人物的局部来表现人物的细节动作或表情，如图2-48所示。在以物体为拍摄主体时，通常包含着某种深层内涵，透过物体来映射或揭露本质，如图2-49所示，旋转的陀螺可以象征着时间的流逝，当陀螺停止旋转时，则代表时间到了，进而引出后面要发生的事情。

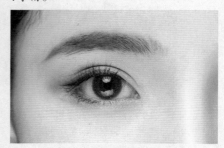

图2-48

图2-49

3. 服装

这里所说的服装，就是指根据场景和角色设定搭配的衣服、鞋子、首饰等。如果要拍摄人物在古镇或古风建筑内游玩的视频，那么穿上汉服便能很好地与周围环境相融，不会有突兀感，如图2-50所示。如果拍摄场景是在海边，那么选用泳装、海滩风，或者是颜色鲜艳的服装就更为合适。当服装色彩在画面中不够突出时，可以巧妙地搭配与画面色彩反差较大的装饰品（如围巾、帽子等）来突出人物主体，如图2-51所示。

图2-50

图2-51

4. 角度

即拍摄时的镜头角度，一般可分为平视、仰视和俯视三种类型，如图2-52所示。

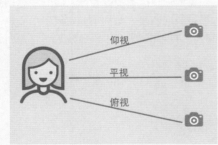

图2-52

> 平视：在拍摄时，使摄像机高度与人物眼睛的高度保持一致，这是拍摄中常用的拍摄角度，能给人一种自然、平实的感觉，如图2-53所示。

图2-53

> 仰视：从下往上拍摄主体，能使人物形象显得高大，常用来表现人物的主导地位，如图2-54所示。

图2-54

> 俯视：从上往下拍摄主体，视线的重点在人物的头部以上，会使人物显得比较弱小，也不易看清人物面部的表情，如图2-55所示。

图2-55

5. 道具

道具是配合人物表现的东西，其种类和玩法众多。在拍摄时要恰当地利用道具，切忌让道具成为多余的存在，如图2-56所示，人物坐在草地上进行野餐活动，此时可以人为地制造一些小泡泡漂浮于空中，并让人物与泡泡进行互动，拍摄出来的画面自然且不单调。

图2-56

6. 机位

机位是电影的叙事方式，决定了观众以什么角度看影片的发展。随着机位的变化，所呈现的构图方式和画面效果也不同，机位设置的高低落差则形成了前文所说的三种拍摄角度，高机位对应俯视角度，中机位对应平视角度，低机位对应仰视角度。

通过以上知识点的了解和学习，读者可以尝试结合所学，自己创建一个分镜头脚本，在撰写分镜头脚本时可用表格的形式来展示，将镜头顺序、所用景别、运镜方式、时长、内容、声音等一一进行罗列，分镜脚本范例如图2-57所示。

镜号	景别	镜头	时长	画面内容	旁白	音效	备注
1	全景	固定镜头	10s	卧室展示	这是XX的房间	XXX	无
2	近景	降镜头	7s	女主正在睡觉	无	鸟叫声	窗帘拉开
3	中景	固定镜头	10s	从床上坐起来	无	无	无
4	特写	固定镜头	3s	揉眼睛	无	无	无

图2-57

2.3.3 文学脚本

相较于上述两类脚本，文学脚本基本列出了大部分可控因素的拍摄思路，在时间效率上比较适宜。文学脚本的重点在于呈现镜头拍摄的要求，对于一些直接是画面加表演的，而不需要剧情的视频，可以直接运用这类脚本。

2.4 本章小结

在"内容为王"的短视频时代，对于短视频初学者来说，策划时一定要明确拍摄主题及中心思想。此外，在策划阶段还需要思考拍摄方案的可行性，以及面对其他可能出现因素的把控度。策划主题切忌老套、平淡，大家的最终目的都是为了吸引观众，使视频广泛传播以获取流量。策划不一定要费尽心思去苦思冥想，灵感经常是突然迸现的，在日常生活中想到好的点子时，可以先记录在手机备忘录中，等回到一个适合的创作环境中再进行整理，继续深度挖掘。

第3章
拍摄运镜，拍出酷炫短视频的必学技巧

运镜即运动镜头，通过移动镜头让镜头晃动、运动，从而拍摄出动感画面。随着短视频的风靡与普及，用户对视频画面质量的要求越来越高，一个成功的短视频离不开精良优秀的运镜，本章就为读者介绍一些拍摄短视频时非常实用的运镜技巧。

3.1 实战——使用"推拉镜头"实现无缝转场

推拉镜头由推镜头和拉镜头组成。推镜头是指在拍摄主体不动的情况下，镜头从远逐渐推近的镜头，取景范围由大到小，画面所包含的内容由多变少，不必要的部分被推移到画面外，拍摄主体占画面比例逐渐增大。推镜头的作用主要是突出主体，将观众的注意力引到主体上，形成视觉前移，强化视觉感受，给观众一种审视的感觉。推镜头通常带有明确的最终目标，在最终停止的落幅处所摄的对象即为需要强调的主体，主体决定了推进的方向，如图3-1和图3-2所示。

图3-1

图3-2

拉镜头是指在主体不动的情况下，镜头由近逐渐拉远的镜头，取景范围由小到大，画面所包含的内容由少变多，主体也由大变小，给人一种逐步远离被摄主体的感觉，呈现出的画面从局部到整体，形成视觉后移，原主体视觉形象减弱，环境因素加强。通常用来介绍主体所处的位置和环境，如图3-3和图3-4所示。

图3-3

图3-4

推镜头拍摄练习

01 首先要确定拍摄的主体对象，在被摄主体位置不变的情况下，将相机镜头缓缓推近被摄主体，如图3-5所示。

扫码看教学视频

图3-5

02 根据与被摄主体之间的距离，把握前进速度，然后由远及近地将镜头推进，如图3-6和图3-7所示。

图3-6

图3-7

拉镜头拍摄练习

01 首先要确定拍摄的主体，在被摄主体位置不变的情况下，站在与被摄主体较近的位置，然后将相机镜头推到被摄主体前，如图3-8所示。

扫码看教学视频

图3-8

02 根据与被摄主体的距离，把握后退的速度，然后由近及远地将镜头向后拉，如图3-9和图3-10所示。

图3-9

图3-10

3.2 实战——使用"横移镜头"拍摄人物侧面

移镜头是相机跟随主体的运动进行左右移动的拍摄，使用移镜头拍摄时，摄影师需要与主体始终保持等距。移镜头的特点是画面会随着镜头移动不断更新和变化，如图3-11~图3-13所示，这样使画面看起来不仅扩大了空间，而且更自由、不局限，背景画面跟随镜头的移动不断变化而产生一种流动感，给观众身临其境的感觉。

图3-11

图3-12

图3-13

移镜头拍摄练习

01 在人物的侧面立
定，确定合适的位置
和距离，将人物放置
在镜头的中心位置，
如图3-14和图3-15所示。

扫码看教学视频

图3-14

图3-15

02 根据人物行走的速度，拍摄者移动步伐和相
机，移动时建议大步平稳地移动，不宜用小碎步
移动，因为小碎步移动会加剧镜头抖动。移动时
要保持相机与被摄者的距离，切忌让画面在移动
过程中出现倾斜，或是与被摄者距离变近/变远
等情况，如图3-16和图3-17所示。

图3-16

图3-17

3.3 实战——使用"甩镜头"切换场景拍摄

甩镜头是指从一个画面过渡到另一个画面时，快
速移动相机进行拍摄的一种手法，且前后两个画面的
运动方向是一致的，过渡时，画面会呈模糊状态，甩
镜头可以造成强烈的视觉冲击感，多用于表现内容
的突然过渡，或是爆发性和情绪变化较大的场景。

图3-18和图3-19所示，两张图均是从右至左甩动
的镜头，在后期编辑时则可以在图3-18从右甩动到
中间位置时暂停，把中间甩动至左的这一段镜头删
除，然后将图3-19从右甩动到中间位置的这一段镜头
删除，保留中间甩动至右的镜头，最后将删减后的
两段视频拼接，就能达到甩镜头无缝转场的效果。

图3-18

图3-19

◎提示·◦

在甩镜头时速度不宜过快，方便后期做
调整。

01

02

03

04

05

06

07

08

09

10

11

12

第3章 拍摄运镜：拍出酷炫短视频的必学技巧

19

3.4 实战——使用"跟随镜头"拍摄人物背影

跟随镜头是相机在与主体保持等距的状态下，跟随主体的运动进行移动拍摄，能够给观众营造代入感和空间穿越感，适用于连续表现主体的肢体动作或细节表情等。跟镜头不仅能够详细且连续地介绍被摄主体的行进速度、情绪状态，又能在移动过程中将周围的环境一并介绍到位，如图3-20所示。

图3-20

跟随镜头拍摄练习

01 在人物的背面立定，找准合适的位置和距离，将人物放置在镜头的中心位置，如图3-21所示。

扫码看教学视频

02 移动时要保持相机与被摄者的距离，步伐上保持匀速小步，以此来提高拍摄稳定性，如图3-22和图3-23所示。

图3-21

图3-22

图3-23

3.5 实战——使用"升降镜头"拍摄美食

升镜头和降镜头一般会借助无人机或摇臂摄像机等升降装置来拍摄，通过升降来扩大或缩小画面取景范围，主体从大变小或从小变大，画面从局部到整体或从整体到局部，能够起到渲染气氛的作用，同时可以展示场面的规模、气势和氛围，如图3-24～图3-26所示。同时升降镜头也可以借助稳定器来拍摄，利用前景遮挡来引出拍摄主体，下面在升降镜头拍摄练习中为大家展示拍摄方法。

图3-24

图3-25

图3-26

升降镜头拍摄练习

01 将相机放置在前景遮挡物下方，如图3-27所示。

02 借助稳定器缓慢向上移动拍摄，最后呈现出拍摄主体，如图3-28和图3-29所示。

扫码看教学视频

图3-27

图3-28

图3-29

图3-30

旋转镜头拍摄练习

01 在被摄主体的正面找准合适的位置和距离作为旋转起始点，并将主体放置在镜头的中心位置，如图3-31所示。

扫码看教学视频

02 匀速向右运动，旋转360°回到起始点，旋转时要保持相机与被摄主体的距离，步伐上保持匀速小步，以此提高稳定性，如图3-32和图3-33所示。

图3-31

图3-32

图3-33

3.6 实战——使用"旋转镜头"跟随手势进行拍摄

旋转镜头是在不改变被摄对象位置的情况下，相机围绕被拍摄对象移动拍出呈旋转效果的画面，如图3-30所示，利用稳定器拍摄旋转镜头时，可以手持稳定器快速做超过360°的旋转拍摄，以实现旋转镜头的效果。

3.7 实战——使用"蚂蚁镜头"拍摄人物步伐

蚂蚁镜头即低角度运镜，低角度运镜是通过模拟宠物视角，使镜头以低角度甚至是贴近地面的角度进行拍摄，越贴近地面，所呈现的空间感则越强烈，最常见的就是拍摄人物前进的步伐。

低角度拍摄分为固定拍摄和跟随拍摄两种类型，固定拍摄即原地拍摄，镜头不跟随被摄主体移动，如图3-34～图3-36所示，可以看到画面中人物的脚步离镜头越来越远。

图3-34

图3-35

图3-36

跟随拍摄即镜头跟随被摄主体的移动而移动，如图3-37～图3-39所示，画面中镜头和人物的脚步始终保持等距。

图3-37

图3-38

图3-39

蚂蚁镜头拍摄练习

01 手持相机在接近地面的位置，与被摄主体保持合适的距离，将被摄主体放在镜头的中心位置，如图3-40所示。

扫码看教学视频

02 开始拍摄后，保持相机平衡，跟随被摄主体向前移动，如图3-41和图3-42所示。

图3-40

图3-41

图3-42

3.8 实战——使用"摇镜头"拍摄风景

摇镜头是指在相机位置不移动的情况下，镜头跟随主体的移动，进行左右或上下移动拍摄，如图3-43所示，通常在无法使用单个镜头呈现完整画面的情况下使用。

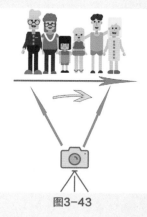

图3-43

◎提示·○

移动镜头时速度不易过快，不能没有目的的随意摇动，否则会导致画面模糊，易产生眩晕感。

摇镜头拍摄练习

01 左右摇镜头拍摄

左右摇镜头相当于拍摄者的眼睛，镜头拍摄时随人物视线的移动而移动，可以起到描述空间环境的作用。拍摄前先确定左右摇镜头的方向，本例从右到左进行拍摄，将镜头对准拍摄起始点，如图3-44所示，然后从右至左匀速移动相机至结束点，如图3-45和图3-46所示。

扫码看教学视频

图3-44

图3-45

图3-46

02 上下摇镜头拍摄

上下摇镜头一般用来拍摄高大宏伟的物体，例如高山、大厦等，能够让人产生一种压迫、敬畏的感觉。拍摄前先确定上下摇镜头的方向，例如从下往上进行拍摄，将镜头对准建筑的下方，如图3-47所示，然后从下至上匀速移动相机至上方结束点，如图3-48和图3-49所示。

扫码看教学视频

图3-47

图3-48

图3-49

3.9 本章小结

　　平时刷视频看到的复杂画面，大多是由基础的镜头组合而成，拍摄镜头的方式很少，但人的思维运作方式很多。因此大家在拍摄视频时，不应被镜头所束缚，镜头只是用来叙事的手段，没有对错之分，在拍摄中多尝试、多挑战，拍出合适的镜头才是最好的镜头。

第4章
抖音App，拍摄加工一气呵成

抖音是当下热门的创意短视频社交软件，该软件具备全面的功能及丰富多样的玩法，可以帮助用户在日常生活中轻松快速地产出优质短视频。使用抖音时，用户可以在曲库中选择心仪的歌曲，搭配制作的视频内容，生成自己的专属作品并进行分享，同时也可以通过抖音社交圈结识到更多朋友。

4.1 抖音App功能及界面速览

想要使用并玩转一个新平台，就得先了解和熟悉其功能及界面，掌握其功能并将其充分利用到自己的作品中，才能玩出好看的数据。下面为大家介绍抖音App的功能及界面。

4.1.1 抖音App简介

抖音App是一款音乐创意短视频社交软件，是一个面向全年龄段用户的音乐短视频社区平台，如图4-1所示。用户可以在这款软件中选择歌曲，拍摄音乐短视频。抖音会根据用户的喜好来更新用户喜爱的视频。用户通过抖音App可以分享生活，也能结识来自四面八方的朋友，了解各行各业的奇闻趣事。

图4-1

4.1.2 抖音App的主要功能

抖音是一个集结玩家和创作者的平台，用户既可以是娱乐消遣的玩家，也可以是发布视频的创作者。抖音与小咖秀类似，同为带有对嘴型表演功能的短视频App，不同的是，抖音后期创新能力强，且用户可以自定义拍摄内容，并对拍摄的视频进行自定义编辑，其内置的特效（例如反复、闪一下、慢镜头等）技术让视频变得更具创造性，不再局限于简单地对嘴型。

抖音平台以年轻用户为主，平台配乐以电音、舞曲为主，视频主要分为舞蹈派和创意派，两者的共同特点是都具备较强的节奏感。有少数放着抒情音乐，展示咖啡拉花技巧的用户，成了抖音圈的一股清流，如图4-2和图4-3所示，也有一部分猎奇心极重的用户，将科学冷知识带入了抖音圈，如图4-4所示。

图4-2

图4-3   图4-4

4.1.3 抖音App的功能界面

启动抖音App，在主界面中可以看到底部的五个功能按钮，分别为"首页""朋友""拍摄""消息"和"我"；顶部也有五个功能按钮，分别是"直播""同城""关注""推荐"和"搜索"，如图4-5所示，下面为读者详细介绍各个功能按钮对应的板块及功能。

图4-5

1.首页

"首页"即进入抖音后显示的第一个画面，该界面推送的内容通常是抖音官方根据用户的兴趣爱好推送的同类型视频，用户可以对喜欢的视频进行点赞、评论或转发等操作。

2.朋友

该界面是官方基于用户的基本信息所推送的内容，信息来源主要有三个：一是用户或其他人上传的通讯录，二是用户的粉丝或用户关注的人，三是与用户有共同朋友关系的人。如果用户不希望被系统推荐，可以在"隐私"选项中进行设置。

3.拍摄

在主页点击拍摄按钮 后，可以进入视频拍摄界面，在这里用户可以自由设置拍摄模式及各项参数，如图4-6所示。

图4-6

4.消息

用户在该界面中可以浏览不同类型的提醒消息，当被其他用户关注时，会在"粉丝"栏中进行提醒；"互动消息"栏中则收集了用户的被"赞""@我的"和"评论"消息；"抖音小助手""系统通知"和"钱包通知"均为抖音官方号，通常用来提醒用户最近的活动、新玩法等，如图4-7所示。

图4-7

5.我

顾名思义就是用户的个人主页，主要由抖音号、昵称、头像和背景等基本信息构成，用户可以在该界面中编辑个人资料，浏览个人作品、动态，以及点赞的内容和相册，并能随时随地查看自己的粉丝、关注和获赞数，如图4-8所示。

图4-8

6. 直播

在"首页"界面中,点击顶部的"直播"按钮
直播,即可进入直播广场,通过上下滑动可以自由选
择需要观看的直播内容。

7. 同城

用户在开启位置权限后,即可查看同城其他用
户发布的内容。

8. 关注

可在此界面查看自己所关注账号发布的内容。

9. 推荐

抖音会根据用户的喜好,推送用户可能会喜欢
的视频内容。

10. 搜索

搜索界面由搜索栏、推荐搜索和抖音榜单组成,
用户在搜索栏中可以输入想了解的内容关键词,官方
将根据用户的搜索喜好为用户列出推荐搜索词。抖音
榜单汇集了最近的热门内容,用户可以通过榜单了解
近期热点,为自己的内容找寻灵感,如图4-9所示。

图4-9

4.2 实战——使用"翻转"功能 切换拍摄场景

使用抖音的翻转功能来拍摄
两种不同视角的视频,这一操作
方法可以节省用户后期编辑的时
间,具体操作方法如下。

扫码看教学视频

01 打开抖音App,在主界面点
击"拍摄"按钮 ➕,进入拍摄界面,在右侧工
具栏中点击"翻转"按钮 🔄,如图4-10所示。

图4-10

02 此时可以自由切换前置或后置摄像头,前置
摄像头多用于自拍,如图4-11所示,后置摄像
头多用于拍摄他人或风景,如图4-12所示。

图4-11

图4-12

4.3 实战——运用"快慢速"功能拍摄特效视频

使用抖音的快慢速功能来制作一段柠檬掉进水里的特效视频，具体操作方法如下。

01 打开抖音App，在拍摄界面的右侧工具栏中点击"快慢速"按钮，可以看到抖音提供了"极慢""慢""标准""快"和"极快"五种拍摄速度，如图4-13所示。

图4-13

02 选择"极慢"模式后，点击"开始拍摄"按钮开始拍摄，如图4-14所示，因为是极慢拍摄，所以拍摄计时的速度会比正常速度要快。在柠檬掉进水里后停止拍摄，如图4-15所示。

图4-14   图4-15

03 拍摄完成后，会自动进入编辑界面，在编辑界面中点击"特效"按钮，如图4-16所示。

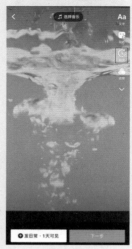

图4-16

04 在特效面板中，选择"时间"选项，点击"时光倒流"效果，此时播放视频可以看到视频变成了倒放效果，呈现出一种柠檬从水中弹出的效果，如图4-17和图4-18所示。

图4-17   图4-18

05 取消选择"时光倒流"效果，点击"慢动作"效果，此时播放视频可以看到画面效果变得更慢了，如图4-19所示。

06 完成操作后，点击右上角的"保存"按钮回到编辑界面，点击"下一步"按钮，进入发布界面，如图4-20所示，完成文案、权限等基本设置后，点击"发布"按钮，即可将视频上传至抖音平台。

抖音+剪映+Premiere短视频制作从新手到高手

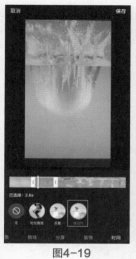

图4-19   图4-20

4.4 实战——分段拍摄多个场景

使用抖音的分段拍摄功能来拍摄一段视频，分段拍摄功能可以让用户将所需的不同场景一次性拍摄完，免去后期组合的烦琐步骤，具体操作方法如下。

扫码看教学视频

① 启动抖音App，在主界面中点击"拍摄"按钮➕，接着在底部工具栏中选择"分段拍"选项，如图4-21所示。

图4-21

② 点击"开始拍摄"按钮⭕，拍摄第一段视频，完成后点击"停止拍摄"按钮◼，如图4-22所示。用同样的方法拍摄第二段视频，完成后点击"完成拍摄"按钮✓进入下一步，如图4-23所示。

图4-22   图4-23

③ 进入视频编辑界面，在右侧有多种不同的效果选项可供选择，添加完成后点击"下一步"按钮，如图4-24所示。

④ 进入发布界面，根据需求完成文案、话题、封面等内容的设置，点击"发布"按钮💧，即可将视频分享至抖音平台，如图4-25所示。

图4-24   图4-25

使用抖音的滤镜功能来拍摄美食素材,具体操作方法如下。

01 启动抖音App,在主界面中点击"拍摄"按钮 ➕,进入拍摄界面,选择右侧工具栏中的"滤镜"工具,如图4-26所示,在滤镜库中提供了人像、风景、美食等不同种类的滤镜,其中"美食"类别中包含了六种不同风格的滤镜,如图4-27所示。

图4-26

图4-27

> ◎提示·○
>
> 拍摄美食时建议使用美食分类中的滤镜,如果有其他适合的滤镜也可以自行选用。

02 选择"可口"滤镜,将不透明度数值调至20,可以发现滤镜饱和度降低,如图4-28所示;将不透明度数值调至100,滤镜饱和度达到最高,食物的颜色也随之变得鲜艳,如图4-29所示。

03 点击画面中的任意位置回到拍摄界面,然后点击"拍摄"按钮 ➕,开始拍摄食物。拍摄完成后,自动进入编辑界面,选择右侧工具栏中的"贴纸"工具,如图4-30所示。

图4-28

图4-29

图4-30

04 在贴纸库中找到符合视频内容的贴纸,如图4-31所示,点击该贴纸将其添加至画面,并调整至合适位置及大小,如图4-32所示。

图4-31

图4-32

05 完成所有操作后,点击"下一步"按钮进入发布界面,设置相应选项并进行内容发布。

4.6 实战——使用"倒计时"功能拍摄视频

　　抖音的倒计时拍摄功能给了用户充足的拍摄反应时间，是拍摄时必不可少的一项功能，具体操作方法如下。

扫码看教学视频

01 启动抖音App，点击"拍摄"按钮 ，进入拍摄界面，选择右侧工具栏中"倒计时"选项，如图4-33所示。完成操作后进入倒计时拍摄界面，用户可选择3秒或10秒倒计时，拖动时间轴上的定位线可以改变视频拍摄的时长，如果将定位线拖至7秒处，则拍摄到第7秒时将自动停止拍摄。

02 完成倒计时拍摄设置后，点击"倒计时拍摄"按钮，即可开始拍摄，如图4-34所示。

图4-33

图4-34

03 当用户选择3秒倒计时，开始拍摄后画面中会显示数字倒计时，如图4-35~图4-37所示。当用户选择10秒倒计时，倒计时效果如图4-38所示，用户在此期间可以进行拍摄准备。

04 拍摄完成后，自动进入编辑界面，如图4-39所示，点击"滤镜"按钮 后进入滤镜库，任意选择一个滤镜，拉动白色按钮可以调整滤镜的不透明度值，数值越大滤镜效果越明显，数值越小滤镜效果越淡，如图4-40所示。

图4-35

图4-36

图4-37

图4-38

图4-39

图4-40

05 完成滤镜的选择后，点击画面任意位置回到编辑界面，点击"选择音乐"按钮 ，在音乐库中选择一首合适的背景音乐，如图4-41所示。

06 完成滤镜和背景音乐的添加后，点击"下一步"按钮进入发布界面，在输入框内添加与视频相符的话题和文字，有利于提高视频的曝光度。完成封面、权限等设置后，点击"发布"按钮❋，即可将视频上传至抖音平台，如图4-42所示。

图4-41 　　　　　　图4-42

4.7 实战——使用"美化"功能进行面部美化

使用抖音的美化功能来对视频中的人物进行面部美颜，具体操作方法如下。

扫码看教学视频

① 打开抖音App，在主界面中点击"拍摄"按钮➕，进入拍摄界面，点击"美化"按钮📷，如图4-43所示。

图4-43

② 进入美化界面，可以对人物进行"美颜"和"风格妆"调整，美颜效果包括美白、大眼、小脸等，如图4-44所示；风格妆效果则决定了画面的整体氛围偏向，包含蜜桃、白皙、港风等效果，如图4-45所示。

图4-44 　　　　　　图4-45

③ 完成调整后的画面效果如图4-46～图4-48所示。

图4-46

图4-47 　　　　　　图4-48

4.8 实战——使用"道具"功能

拍摄VR特效视频

使用抖音道具库中的AR效果来制作一个恐龙行走的特效视频,具体操作方法如下。

扫码看教学视频

01 打开抖音App,点击"拍摄"按钮 ,进入拍摄界面,然后点击"道具"按钮 ,如图4-49所示。

02 进入道具库,可以看到平台提供了氛围、美妆、扮演、新奇等不同类型的道具效果,点击"新奇"按钮,打开对应的道具列表,如图4-50所示。

图4-49　　　　　图4-50

03 选择"AR恐龙"道具,将摄像头对准拍摄场景,此时可以看到恐龙在场景内活动的AR效果,如图4-51和图4-52所示,接着点击画面任意位置,进入拍摄界面。

图4-51　　　　　图4-52

04 点击"拍摄"按钮 ,即可开始拍摄视频,如图4-53所示。

图4-53

05 拍摄结束后,进入编辑界面,点击右侧工具栏中的"特效"按钮 ,如图4-54所示,在特效面板中选择"光斑模糊变清晰"转场特效,如图4-55所示。

图4-54　　　　　图4-55

06 添加转场后的效果如图4-56~图4-58所示,可以看到画面从模糊逐渐变清晰。

图4-56

图4-57

图4-58

图4-61　　　　　　　图4-62

4.9　实战——在抖音中上传相册中的视频

用户可以将手机相册中提前拍摄完成的视频直接上传至抖音并进行编辑处理，具体操作方法如下。

扫码看教学视频

01 打开抖音App，点击"拍摄"按钮【+】，进入拍摄界面，然后点击"相册"按钮【■】，如图4-59所示。抖音中可以同时上传不同类型的素材，可以是图片和视频混合的素材，如图4-60所示；也可以是纯图片素材，如图4-61所示；还可以是纯视频素材，如图4-62所示。

图4-59

图4-60

◎提示

同时选择图片和视频后将进入如图4-63和图4-64所示界面，可以设置"音乐卡点"模式和"普通模式"。

图4-63

图4-64

02 在相册中选择一段视频，点击"下一步"按钮，进入截取界面，底部的"快慢速"按钮【⏰】可以调整视频的速度，"旋转"按钮【⟳】可以调节视频的方向，拖动时间轴上的按钮可以调节视频的时长，如图4-65所示。

03 选择"极慢"选项，视频总时长会从原来的11.6秒延长至34.7秒，如图4-66所示；选择"极快"选项，视频总时长会缩短至3.9秒，如图4-67所示；选择"标准"选项，则恢复至原始时长。

图4-65

图4-66

图4-67

04 完成速度调节后，点击"旋转"按钮🔄，可自由旋转视频的方向，旋转180°后的效果如图4-68所示。完成操作后，点击"下一步"按钮进入编辑界面，在这里可以继续为视频添加其他效果，如图4-69所示。

图4-68

图4-69

05 完成所有操作后，点击"下一步"按钮进入发布界面，设置相应选项并进行内容发布。

4.10 实战——在抖音中为视频添加背景音乐

下面将为读者讲解在抖音中为视频添加背景音乐的操作方法。

扫码看教学视频

01 打开抖音App，点击"拍摄"按钮➕，进入拍摄界面，拍摄一段视频，或在相册中选择需要添加背景音乐的视频素材。进入编辑界面，点击顶部的"选择音乐"按钮，如图4-70所示。

02 进入音乐选择界面，该界面中的🔲为"歌词显示"按钮，用户可以启用该按钮使音乐中的歌词显示在画面中；✂为"片段截取"按钮，用来截取音乐中的某一段；☆为"收藏"按钮，用户选择歌曲后点击该按钮即可将歌曲收藏。在平台推荐的歌曲中选择一首，或选择"更多音乐"选项，进入音乐库中选择一首合适的背景音乐，如图4-71所示。

图4-70

图4-71

03 进入音乐库后，在"发现音乐"界面中可以看到抖音推荐的歌曲、多种类别和近期流行的歌曲，如图4-72所示；在"我的收藏"界面中，可以查看用户在抖音中收藏的歌曲，如图4-73所示。

图4-72　　　　　　　　图4-73

04 完成歌曲的选择后，点击"片段截取"按钮🗡，根据需求对音乐进行裁剪，如图4-74所示。裁剪完成后，点击"确认"按钮✓，回到音乐添加界面，启用"歌词显示"按钮🔳，此时音乐对应的歌词会自动显示在画面中，如图4-75所示。

图4-74　　　　　　　　图4-75

05 双击文字，进入文字样式编辑界面，选择"卡拉OK"样式，将字体颜色设置为蓝色，如图4-76所示。

06 完成操作后，点击画面任意一处返回编辑界面，然后点击"下一步"按钮，如图4-77所示。

07 进入发布界面，设置完成文案、封面、权限等内容后，点击"发布"按钮，即可将视频上传至抖音平台，如图4-78所示。

图4-76

图4-77　　　　　　　　图4-78

4.11 实战——为视频添加流光及星火特效

扫码看教学视频

抖音为用户提供了数百种不同的视频特效，使用方法非常简单，下面为读者进行详细讲解。

01 将视频添加至编辑界面后，点击"特效"按钮◑，如图4-79所示。在特效库中长按"梦幻"中的"流光"效果，为前半段视频素材添加"流光"效果，如图4-80所示。长按"星火"效果，为后半段视频素材添加"星火"效果，如图4-81所示。

抖音+剪映+Premiere短视频制作从新手到高手

图4-79

图4-80

图4-81

02 完成操作后，画面效果如图4-82和图4-83所示，可见画面前半段出现流光效果，后半段出现星火效果。

图4-82

图4-83

4.12 实战——为视频添加文字效果

用户在拍摄或添加视频素材后，可添加文字来丰富视频画面，下面为读者介绍添加文字的具体操作方法。

01 将视频素材导入抖音App，进入编辑界面后，点击"文字"按钮 **Aa**，如图4-84所示。

扫码看教学视频

02 在文本栏中输入需要添加的文字，并根据需求选择文字样式，如图4-85所示。

图4-84

图4-85

03 点击"完成"按钮，回到编辑界面，在文字选中状态下，可以进行添加文本朗读效果、设置持续时长、继续编辑文字等操作，如图4-86所示。

图4-86

04 完成操作后，得到的最终效果如图4-87所示。

图4-87

4.13 实战——在画面中添加贴纸和表情

抖音为用户提供了几百种不同的贴纸，添加贴纸至视频画面中，不仅可以丰富画面，还能增添视频的趣味性。

扫码看教学视频

01 将视频素材导入抖音App，进入编辑界面后，点击"贴纸"按钮。进入贴纸库后可以看到"贴图"和"表情"两大分类，其中"贴图"中包含了添加的自定义图片、歌词等，还有官方提供的不同类型的贴图，如图4-88所示；在"表情"中包含了几百种emoji表情，如图4-89所示。

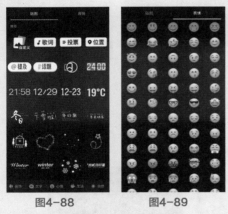

图4-88　　　　图4-89

02 选择贴图和表情后，回到编辑界面，点击贴纸缩览图，可以设置持续时长，选择"钉住"功能，可使贴纸保持在当前位置不被移动，如图4-90所示。

图4-90

03 完成操作后，得到的最终效果如图4-91所示。

图4-91

4.14 实战——对视频原声进行变声处理

变声功能会识别视频中的声音（语音），并将声音转换为用户指定的变声音效，下面为读者讲解变声功能的具体应用。

扫码看教学视频

01 将视频素材添加至编辑界面后，右侧工具栏中将显示"变声"按钮 ⅠⅠⅠ，如果视频本身没有声音则不会显示"变声"按钮，如图4-92所示。

图4-92

02 在变声音效库中包含花栗鼠、小哥哥等十三种声音特效，如图4-93所示。点击"分段变声"按钮 Ⅲ 分段变声，可以为同一段视频素材添加不同音效，长按音效至某一时间点后释放，即可完成效果添加，如图4-94所示。

图4-93　　　　　　　图4-94

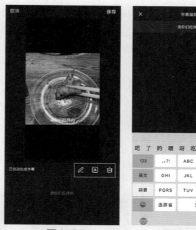

图4-97　　　　　　　图4-98

4.15　实战——使用"自动字幕"功能快速生成字幕

抖音中的"自动字幕"功能可以自动识别视频中的人声，并将其转化为字幕，具体操作方法如下。

扫码看教学视频

① 将视频素材添加至编辑界面后，选择"自动字幕"工具，如图4-95所示，软件会自动开始识别视频中出现的人声，如图4-96所示。

图4-99

图4-95　　　　　　　图4-96

② 识别完成后，将自动生成字幕，用户可以修改字幕中不准确的部分，或进行文字样式选择等操作，如图4-97所示。

③ 如果字幕有错误，可点击"字幕编辑"按钮 ，将错误的字幕修正，如图4-98所示。点击"样式"按钮 ，选择一个字体和颜色，如图4-99所示。

④ 完成操作后，点击"确认"按钮，返回编辑界面，点击"下一步"按钮进入发布界面，设置相应选项并进行内容发布。

4.16　实战——快速制作动态影集

本节介绍抖音的影集功能，用户可以将自己拍摄完成的视频套入带有特效、背景音乐和文字的影集模板中，快速生成音乐视频，具体操作方法如下。

扫码看教学视频

① 打开抖音App，点击"拍摄"按钮，进入拍摄界面，在底部选择"影集"选项，选择一个影集模板，如图4-100所示。

② 模板加载完成后，点击"选择素材"按钮 选择素材，如图4-101所示。

③ 在手机中选择四段视频素材，然后点击"确认"按钮，如图4-102所示。在编辑界面中，用户可以对模板中的文字进行编辑，完成后点击"下

一步"按钮，等待视频自动合成，如图4-103所示。

图4-100

图4-101

图4-102

图4-103

04 完成后的最终效果如图4-104～图4-106所示，开场以帷幕拉开的形式呈现，然后歌词配合画面一起出现。

图4-104

图4-105

图4-106

4.17 实战——在抖音中拍摄热门同款视频

扫码看教学视频

下面介绍抖音中的"拍同款"功能。在抖音中，用户可以套用当下流行的视频模板快速创作同款视频，具体操作方法如下。

01 在抖音搜索框内输入"拍同款"，搜索完成后，可自行进行范围筛选，如图4-107所示。点击"话题"按钮后，会显示多种不同类型的拍同款话题，如图4-108所示。

图4-107

图4-108

02 点击任意话题进入相应的话题界面，点击"立即参与"按钮，如图4-109所示。

03 完成上述操作后，进入拍同款界面，点击"拍同款"按钮，如图4-110所示。

04 点击"拍摄"按钮，实时拍摄一段视频，也可以点击"相册"按钮，在相册中选择一段提前拍摄完成的视频导入抖音，如图4-111所示。

05 点击"滤镜"按钮，选择"人像"中的

"蓝岛"滤镜，如图4-112所示。完成后点击任意位置返回编辑界面，点击"下一步"按钮进入发布界面，设置相应选项并进行内容发布。

图4-109

图4-110

图4-111

图4-112

4.18 本章小结

作为短视频创作者，除了要具备优秀的前期拍摄技术来为作品打下稳固基础，更需要掌握后期处理技术，以丰富视频画面。如今市面上的视频编辑类软件功能强大，只要利用得当，就能使观众对作品形成记忆点，起到锦上添花的作用。如果胡乱应用拍摄及处理功能，不与作品风格相结合，则会形成画蛇添足的反作用。

第5章
剪映App，手机也能完成大片制作

短视频越来越火爆，创作者除了要掌握前期策划拍摄，还需要学习后期处理。作为没有基础的剪辑新手，该如何对视频进行优化处理成了大多数人所面临的难题，这一章就来为读者介绍视频优化处理的方法，教大家如何利用剪映App简单迅速地制作出高质量的作品。

5.1 剪映App功能及界面速览

在使用剪映App之前，先来认识和熟悉其功能及界面，同时在实践练习中掌握这些功能，将其充分利用到自己的作品中。下面为读者简单介绍剪映App中的基本功能及其操作界面。

5.1.1 剪映App概述

剪映是由抖音官方推出的一款手机视频编辑工具，可用于手机短视频的剪辑制作及发布，该软件具备全面的剪辑功能，支持视频变速、多样化滤镜效果及丰富的曲库资源和视频模板等，本书所演示的剪映软件为4.4.0版本。

5.1.2 认识剪映App的工作界面

剪映主要由"剪辑""剪同款""创作学院""消息"和"我的"五个板块组成，如图5-1所示，下面为大家简单介绍各板块及其功能。

图5-1

1. 剪辑

打开剪映App，在主界面中点击"开始创作"按钮 ➕，即可导入视频或图片素材。开始创作后，系统会自动将此项目保存在剪辑草稿中，以减少用户的意外损失。用户在"剪同款"中完成的创作，将自动保存在"模板草稿"中，点击"管理"

按钮 ✏ 可对项目进行删除或修改。完成创作后，用户可以将项目工程文件上传至"云备份"中，此功能为用户节省了手机存储空间，同时也保障了文件的安全。点击"拍摄"按钮 ⊙ 即可实时拍摄照片或视频，"一键成片"是剪映推出的新功能，里面有大量的特效模板供用户使用。剪映App的主界面及各项功能如图5-2所示。

图5-2

2. 剪同款

在"剪同款"对应的功能区中，可以看到剪映为用户提供了大量不同类型的短视频模板，如图5-3所示。在完成模板的选择后，用户只需将自己的素材添加进模板，即可生成同款短视频。

图5-3

3．创作学院

创作学院是官方专为创作者打造的一站式服务平台，用户可以根据自身需求选择不同的领域进行学习，官方为用户提供了授权管理、内容发布、互动管理，以及数据管理和音乐管理等服务，如图5-4所示。

图5-4

4．消息

官方活动提示，以及其他用户和创作者的互动提示都集合在消息栏中，如图5-5所示。

图5-5

5．我的

我的即用户的个人主页，如图5-6所示，用户可以在这里编辑个人资料，管理发布的视频和点赞的视频，点击"抖音主页"，可以跳转至抖音界面。

图5-6

5.1.3　剪映App的主要功能

进入剪映App的视频编辑界面后，可以看到底栏提供了全面且多样化的功能，如图5-7所示。

图5-7

功能具体介绍如下。

- 剪辑：包含分割、变速、动画等多种编辑工具，拥有强大且全面的功能，是视频编辑工作中经常要用到的功能区。
- 音频：主要用来处理音频素材。剪映内置专属曲库，为用户提供了不同类型的音乐及音效。
- 文字：用于为视频添加描述文字，内含多种文字样式、字体及模板等，同时支持识别素材中的字幕及歌词。
- 贴纸：内含百种不同样式的贴纸，添加至视频后，可有效提升美感及趣味性。
- 画中画：常在制作多重效果时使用，最多支持同时添加六段画中画素材。
- 特效：内含多种不同类型的特效模板，只需点击相应特效，即可获得全新风格的特效视频。
- 滤镜：包含不同类型的滤镜效果。针对不同的场景使用相应的滤镜，更能烘托影片气氛，提升影片质感。
- 比例：集合了当下常见的影片尺寸，用户可根据自身影片类型或平台需求选择合适的尺寸。
- 背景：用于设置画布（背景）的颜色、样式及模糊程度等。
- 调节：用于调节影片基本参数，优化影片细节。

5.2　实战——制作漫画脸叠叠乐特效视频

本节结合剪映中的"动画"和"漫画"功能来制作当下流行的漫画脸叠叠乐效果，本例需要提前准备五张图片素材，具体操作方法如下。

扫码看教学视频

43

① 打开剪映App，点击"开始创作"按钮 [+]，添加五张照片至剪辑项目中。

② 选中素材，点击"复制"按钮 [🗖]，将每一张素材都复制一遍。

③ 返回到编辑界面，点击"背景"按钮 [▨]，再点击"画布模糊"按钮 [◐]，选择第二个效果，然后点击"应用到全部"，完成后点击"确定"按钮 [✓]，如图5-8所示。

④ 点击"音频"按钮 [♪]，再点击"音乐"按钮 [♂]，在素材库中选择一首卡点音乐添加至项目中。选中音频素材，点击"踩点"按钮 [▣]，将"自动踩点"按钮开关 [◯━] 打开，选择"踩节拍Ⅰ"效果，完成后点击"确定"按钮 [✓] 回到编辑界面，然后按照节奏点所处位置修改主轨图片素材的时长并对齐，如图5-9所示。

图5-8　　　　　　　图5-9

⑤ 选中第一张图片素材，点击"动画"按钮 [▣]，再点击"组合动画"按钮 [🔀]，选择"魔方"动画，如图5-10所示。

⑥ 选中第一张图片复制素材，点击"漫画"按钮 [✳]，然后点击"动画"按钮 [▣]，应用"组合动画"中的"叠叠乐"动画，如图5-11所示，完成后点击"确定"按钮 [✓]，回到编辑界面。

⑦ 选中第二张图片素材，点击"动画"按钮 [▣]，应用"组合动画"中的"立方体Ⅳ"动画，如图5-12所示。

⑧ 选中第二张图片复制素材，点击"漫画"按钮 [✳]，然后点击"动画"按钮 [▣]，应用"组合动

画"中的"叠叠乐Ⅱ"动画，如图5-13所示，完成后点击"确定"按钮 [✓]，返回编辑界面。

图5-10　　　　　　　图5-11

 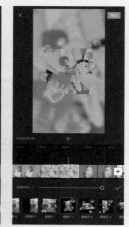

图5-12　　　　　　　图5-13

⑨ 按照步骤3和4中所述的操作方法，为第三张图片添加"水晶"动画，为第三张复制图片添加漫画效果和"叠叠乐Ⅲ"动画；为第四张图片添加"水晶Ⅱ"动画，为第四张复制图片添加漫画效果和"叠叠乐Ⅳ"动画；为第五张图片添加"立方体Ⅴ"动画，为第五张复制图片添加漫画效果和"叠叠乐Ⅴ"动画，完成后的效果如图5-14～图5-16所示。

图5-14

图5-15　　　　　　图5-16

5.3　实战——利用关键帧制作希区柯克变焦效果

利用关键帧功能来实现希区柯克变焦效果，制作本例前，需要提前准备一段人物不动、拍摄者匀速向前运镜拍摄的视频素材，具体操作方法如下。

扫码看教学视频

① 打开剪映App，点击"开始创作"按钮[+]，添加素材视频至剪辑项目中。点击"关键帧"按钮◈，在视频的首尾处分别添加一个关键帧，如图5-17所示。

图5-17

② 在第一个关键帧所处的位置，双指放大素材直至与结尾关键帧处画面中的人物大小一致，放

大后的效果如图5-18所示，结尾处的画面大小如图5-19所示。

图5-18

图5-19

> ◎提示·◎
>
> 希区柯克变焦即滑动变焦，通过在拍摄时改变镜头焦段，同时移动机位，从而产生强烈的视觉冲击，甚至在进行较大幅度或较快速的变焦时，可令人产生晕眩感。

5.4　实战——制作滑屏Vlog效果视频

利用关键帧和比例工具将多段视频拼接在一块背景上，制作出画面从下往上滑动的效果，具体操作方法如下。

扫码看教学视频

① 打开剪映App，点击"开始创作"按钮[+]，添加第一段素材视频至剪辑项目中。点击"比例"按钮▢，选择"9：16"选项，将画布转换为竖屏形式，如图5-20所示。

② 点击"背景"按钮▨，再点击"画布样式"按钮▤，在样式库中选择一个样式，替换原来的黑色背景，如图5-21所示，完成后点击"确定"按钮✓。

图5-20　　　　　图5-21

图5-24　　　　　图5-25

03 点击"画中画"按钮▣，再点击"新增画中画"按钮✦，添加第二段视频至剪辑项目中，如图5-22所示。

04 参照此方法，将其余三段视频依次添加到剪辑项目中，然后在预览窗口中，双指缩小每一段视频，交叉排列在画面中，如图5-23所示，完成后点击右上角的"导出"按钮，将视频导出备用。

图5-22　　　　　图5-23

05 回到剪映App的主界面，点击"开始创作"按钮✚，将上一步导出的视频添加至项目中，点击"比例"按钮▣，选择"16∶9"选项，将画布转换为横屏形式，如图5-24所示。

06 在视频的起始位置，点击"关键帧"按钮◈，为视频添加一个关键帧，然后在预览窗口双指将视频放大至铺满屏幕。向下滑动视频，直至视频的顶端与画布顶端对齐，如图5-25所示。

07 移动时间线至结尾处，添加一个关键帧，向上滑动视频，直至视频的底部与画布的底部对齐，如图5-26所示。

图5-26

08 点击"音频"按钮♪，再点击"音乐"按钮♫，将"旅行"分类中的"春日漫游"歌曲添加到剪辑项目中。移动时间线至结尾处，点击"分割"按钮Ⅱ，将音乐分割，选中音乐后半段多余的部分，点击"删除"按钮🗑，如图5-27所示。

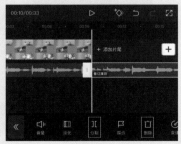

图5-27

09 点击"特效"按钮⚡，再点击"新增特效"按钮⚡，应用"边框"分类中的"纸质边框"特效，如图5-28所示。点击"确定"按钮✓，返回编辑界面。按住"纸质边框"结尾处的滑块，向后延长至与视频素材时长一致，如图5-29所示。完成后点击"导出"按钮将视频导出。

图5-28　　　　　　图5-29

10 完成后的视频效果如图5-30～图5-32所示，可以看到画面慢慢向上滑动，直至所有片段展示完毕。

图5-30

图5-31

图5-32

5.5 实战——制作三维穿越特效视频

使用色度抠图工具制作三维穿越特效视频，制作本例需要提前准备一段绿幕素材和一段背景素材，具体操作方法如下。

扫码看教学视频

01 打开剪映App，点击"开始创作"按钮[+]，添加背景素材视频至剪辑项目中。点击"画中画"按钮🖼，再点击"新增画中画"按钮⊞，将绿幕素材添加到剪辑项目中，如图5-33所示。

图5-33

02 点击"色度抠图"按钮◉，在画面中移动取色器，吸取绿色，如图5-34所示，然后将"强度"设置为30，"阴影"设置为15，此时绿幕消失，显示出背景素材，如图5-35所示。

图5-34　　　　　　图5-35

03 在绿幕素材的起始处，以及第3秒和第7秒的位置分别添加一个关键帧，然后在第3秒位置，将画面旋转为−17°并放大至合适大小，如图5-36所示；在第7秒位置，将画面放大至完全显示出背景素材，如图5-37所示。

图5-36　　　　　图5-37

◎提示·◎

　　绿幕在特效电影拍摄中极为常见，是后期制作时进行抠像合成的道具，之所以选择绿幕，是因为绿色相较于其他颜色更能形成色差，后期抠像时更易处理。

5.6 实战——制作复古录像带风格影片

本例技术要求不高，主要是利用特效和滤镜来完成效果的制作。提前准备几段日常拍摄的视频素材，即可开始制作，具体操作方法如下。

扫码看教学视频

01 打开剪映App，点击"开始创作"按钮[+]，添加六段素材视频至剪辑项目中。

02 点击"比例"按钮■，选择"4：3"选项。

03 点击"音频"按钮♪，再点击"音乐"按钮♪，将"电影"分类中的"Not leaving（不会离开）"添加至项目中，选中音乐素材，点击"分割"按钮Ⅱ，使其与主轨素材长度保持一致，然后点击"淡化"按钮▦，将音乐的淡出时长设置为1.0s，如图5-38所示。

图5-38

04 选中第一段视频素材，点击"滤镜"按钮🜨，应用"复古"分类中的"VHS"滤镜，然后点击"应用到全部"按钮▣，如图5-39所示，完成后点击"确定"按钮✓，返回编辑界面。

图5-39

05 分别点击"特效"按钮★，应用"复古"分类中的"录像带Ⅲ"特效和"基础"分类中的"噪点"特效，将两个特效的持续时间延长至与主轨素材一致，如图5-40所示。

图5-40

06 返回编辑界面，点击"调节"按钮⚒，再点击"新增调节"按钮⚒，将"亮度"设置为−17，最终完成效果如图5-41和图5-42所示。

图5-41

图5-42

5.7 实战——彩色音乐踩点视频

扫码看教学视频

利用蒙版和滤镜来制作一款画面从黑白过渡到彩色的踩点视频，主要考验大家对蒙版的熟悉程度，具体操作方法如下。

01 打开剪映App，点击"开始创作"按钮[+]，添加一张图片素材至剪辑项目中。

02 点击"音频"按钮♪，再点击"音乐"按钮♪，将"抖音"分类中的"Rain（雨）"添加至剪辑项目中，同时将图片的持续时长延长至与音乐一致。选中音乐素材，点击"踩点"按钮□，然后点击"播放"按钮▷，根据音乐的节奏手动添加点，如图5-43所示。

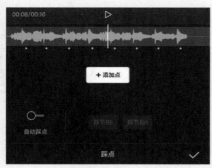

图5-43

03 选中主轨素材，点击"复制"按钮▣，将其复制一层。

04 点击"画中画"按钮▣，然后选中复制的素材，点击"切画中画"按钮⤬，如图5-44所示。将画中画素材与主轨素材对齐，根据节奏点对素材进行分割并将首尾的素材删除，如图5-45所示。

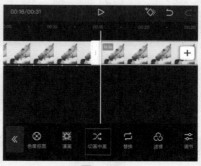

图5-44

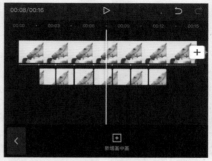

图5-45

> ◎提示•◦
>
> 在点击"切画中画"按钮⤬前，必须先点击"画中画"按钮▣，否则将无法点击。

05 选中主轨素材，点击"滤镜"按钮⬡，应用"风格化"分类中的"褪色"滤镜，然后点击"应用到全部"按钮◙，如图5-46所示。

06 选中第一段画中画素材，点击"蒙版"按钮◎，选择"爱心"蒙版，在画面中将蒙版缩放并移动至人物面部，轻轻拖动"羽化"按钮◉进行适当羽化，如图5-47所示。

07 参照上述方法，分别为第2~7段画中画素材添加镜面、圆形、星形、线性、圆形和镜面蒙版，效果如图5-48~图5-51所示。

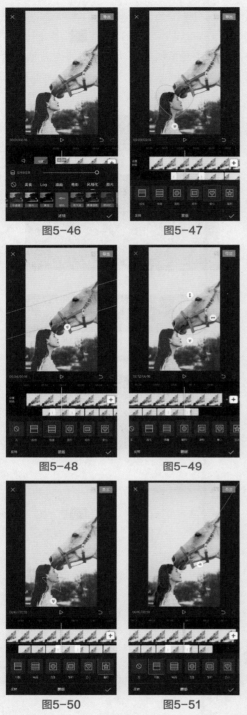

图5-46　　　　　　　　图5-47

图5-48　　　　　　　　图5-49

图5-50　　　　　　　　图5-51

图5-52

09 点击"导出"按钮，将成片保存至手机相册，最终效果如图5-53和图5-54所示。

图5-53　　　　　　图5-54

5.8　实战——夏日小清新Vlog风格调色

使用滤镜和调节功能对影片进行调色，调色可以有效提升画面美感和质感，具体操作方法如下。

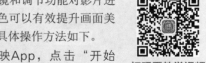

扫码看教学视频

01 打开剪映App，点击"开始创作"按钮[+]，添加七段视频素材到剪辑项目中。

02 点击"音频"按钮🎵，再点击"音乐"按钮🎵，将"VLOG"分类中的"橙夏"添加至项目中，使其时长与主轨保持一致，然后设置"淡出时长"为1s。

08 点击"贴纸"按钮🕐，在贴纸库中选择一个贴纸添加至项目中，并调整持续时长与主轨素材时长一致。根据节奏点对贴纸素材进行分割并将首尾两端删除，然后在画面中将每一个贴纸的位置移动至相应的蒙版位置，如图5-52所示。

03 点击"滤镜"按钮 ，应用"清新"分类中的"淡奶油"滤镜，然后将滤镜时长延长至与主轨素材时长一致，如图5-55所示。

图5-55

04 点击"调节"按钮，将"亮度"设置为5，"锐化"设置为20，"高光"设置为40，"色温"设置为-5，"色调"设置为20，"褪色"设置为20。

05 在未选中任何素材的情况下，点击"特效"按钮，应用"边框"分类中的"ins边框"特效，然后将"调节"素材与"ins边框"素材的时长延长至与主轨素材的时长一致。完成操作后，得到的画面效果如图5-56和图5-57所示。

图5-56

图5-57

5.9 实战——爱心发射音乐视频

本例主要用到剪映中的"贴纸"和"定格"功能，前期需要拍摄一段手部握紧再张开的视频素材，下面为读者介绍具体操作方法。

扫码看教学视频

01 打开剪映App，点击"开始创作"按钮[+]，添加七段视频素材至剪辑项目中。

02 点击"音频"按钮 ，再点击"音乐"按钮，将"卡点"分类中的"Crown（王冠）"添加至剪辑项目中。将音乐素材节奏点的位置与手即将张开的位置对齐，并将前后多余部分删除，将"淡出时长"设置为1s，如图5-58所示。

03 在当前位置将爱心贴纸添加进来，然后复制两层。预览当前画面效果，可以看到爱心在手张开的瞬间发射出来，如图5-59~图5-61所示。完成操作后，点击"导出"按钮将视频保存至相册。

图5-58

图5-59

图5-60

图5-61

5.10 实战——盗梦空间镜像效果视频

利用"蒙版"和"镜像"功能能制作镜像效果，完成后的效果极具视觉冲击感和电影质感，具体操作方法如下。

扫码看教学视频

① 打开剪映App，点击"开始创作"按钮[+]，添加一段视频素材至剪辑项目中，在选中素材的情况下，点击"编辑"按钮▣，再点击"旋转"按钮◈，将视频旋转180°，如图5-62所示。

② 点击"镜像"按钮◭，对视频进行镜像翻转，如图5-63所示。

图5-62

图5-63

③ 点击"返回"按钮《返回上一级，点击"蒙版"按钮◉，选择"线性"蒙版，此时画面的上半部分消失，如图5-64所示。点击"反转"按钮，将蒙版反转，然后在预览窗口中拉动"羽化"按钮◈，对蒙版的边缘进行羽化处理，使其过渡更加自然，如图5-65所示。

④ 点击"确定"按钮✔并返回首层，点击"画中画"按钮◉，然后点击"新增画中画"按钮⊞，导入一个相同的素材到项目中。在预览窗口中，双指放大画面，使其铺满画面，如图5-66所示。

⑤ 点击"蒙版"按钮◉，选择"线性"蒙版，然后点击"反转"按钮，拉动"羽化"按钮◈对

蒙版进行适当羽化处理，如图5-67所示。完成操作后，点击"导出"按钮将视频导出备用。

图5-64　　　　　图5-65

图5-66　　　　　图5-67

⑥ 回到剪映主界面，点击"开始创作"按钮[+]，将上一步骤中导出的视频导入新的剪辑项目中。

⑦ 点击"音频"按钮♪，再点击"音乐"按钮♫，将"卡点"分类中的"木"添加到项目中。移动时间线至结尾处，选中音乐素材，点击"分割"按钮Ⅱ，完成素材分割后，选中后半段素材，点击"删除"按钮▣，将多余的音乐删除，如图5-68所示。

⑧ 在选中音乐素材的情况下，点击"踩点"按钮▣，点击"播放"按钮▷，一边预览素材效果，一边根据音乐节奏添加节奏点，如图5-69所示。

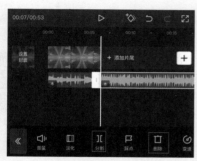

图5-68

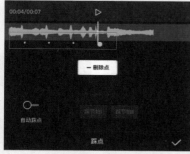

图5-69

09 返回首层，点击"滤镜"按钮🔄，再点击"新增滤镜"按钮🔄，应用"电影"分类中的"敦刻尔克"滤镜，点击"确定"按钮✓，将此滤镜效果添加到项目中，如图5-70所示。

图5-70

10 选中滤镜素材，将持续时长缩短，结尾处与第一个节奏点对齐，如图5-71所示。

图5-71

11 点击"新增滤镜"按钮🔄，应用"电影"分类中的"春光乍泄"滤镜，点击"确定"按钮✓，将此滤镜添加到项目中，如图5-72所示。

图5-72

12 选中滤镜素材，将持续时长缩短，使其起始处与第一个滤镜无缝衔接，结尾处与第二个节奏点对齐，如图5-73所示。参照此操作方法，将"1980""情书"和"默片"滤镜分别添加到项目中，并使这些滤镜的持续时长与相应的节奏点对齐，完成后的效果如图5-74所示。

图5-73

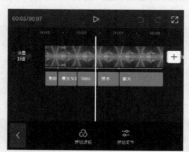

图5-74

13 依次点击"特效"按钮✨和"新增特效"按钮✨，应用"基础"分类中的"渐渐放大"特效，点击"确定"按钮✓，将此特效添加至剪辑项目中，如图5-75所示。

14 修改特效的持续时长，使其起始处与最后一个节奏点对齐，结尾与视频结尾对齐，如图5-76所示。

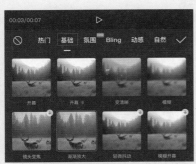

图5-75

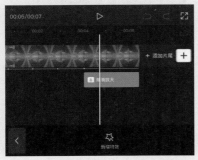

图5-76

⑮ 完成后的最终效果如图5-77～图5-80所示，画面的滤镜会随着节奏点的变化而变化，同时最后一个滤镜还伴随着画面逐渐变大的效果，如图5-81～图5-83所示。

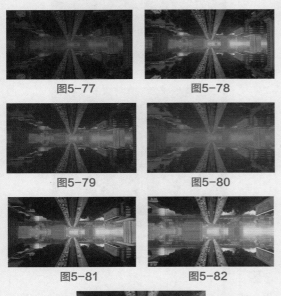

图5-77　图5-78

图5-79　图5-80

图5-81　图5-82

图5-83

5.11　实战——制作动漫风效果视频

本例技术要求不高，主要考验用户对蒙版及特效应用的掌握程度，具体操作方法如下。

扫码看教学视频

01 打开剪映App，点击"开始创作"按钮 [+]，在素材库中将黑场视频添加到剪辑项目中，如图5-84所示。

02 依次点击"画中画"按钮 🖼 和"新增画中画"按钮 ➕，分别将三段视频添加到项目中，如图5-85所示。

图5-84　　　　图5-85

03 选中第三段画中画视频素材，点击"蒙版"按钮 ◉，选择"镜面"蒙版，旋转蒙版至80°，并使用双指将蒙版扩大至合适大小，如图5-86所示，点击"确定"按钮 ✓。

图5-86

抖音+剪映+Premiere短视频制作从新手到高手

04 选中第二段画中画视频素材，按照同样的方法添加一个镜面蒙版，旋转蒙版至80°，并使用双指将蒙版扩大至合适大小，如图5-87所示。

05 选中第一段画中画视频素材，按照同样的方法添加一个镜面蒙版，旋转蒙版至80°，并使用双指将蒙版扩大至合适大小，如图5-88所示。

 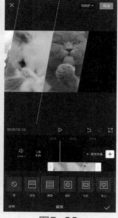

图5-87   图5-88

06 分别选中三段素材，在预览窗口中调整其间距，如图5-89所示。

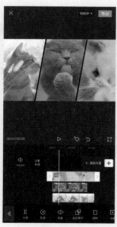

图5-89

07 返回上一层，在未选中任何素材的情况下，依次点击"音频"按钮 ♪ 和"音乐"按钮 ♫ ，将"卡点"分类中的"The Escape（逃脱）"添加到剪辑项目中。

08 选中音乐素材，点击"踩点"按钮 ⊠ ，根据音乐的节奏添加四个节奏点，如图5-90所示。

09 对三个画中画素材的起始位置进行调整，按出现的顺序分别对应前三个节奏点的位置，结尾

处与第四个节奏点对齐，多余的部分则删除，如图5-91所示。

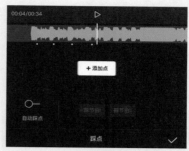

图5-90

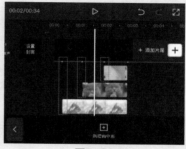

图5-91

10 选中第一段画中画素材，依次点击"动画"按钮 ▣ 和"入场动画"按钮 ▣ ，选择"向左上甩入"动画并将时长设置为0.3s，如图5-92所示。为剩下的两段画中画素材添加同样的效果，添加完成后的效果如图5-93所示。

图5-92

图5-93

⑪ 点击主轨后的"添加"按钮➕，将第4段素材添加到剪辑项目中，并使其起始位置与第四个节奏点对齐，如图5-94所示。选中该素材，依次点击"动画"按钮◉和"入场动画"按钮🔳，选择"动感放大"动画并将时长设置为0.3s，如图5-95所示，点击"确定"按钮✔，完成动画效果的添加。

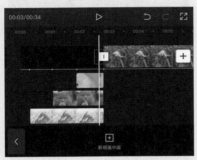

图5-94

图5-95

⑫ 返回首层，将视频和音乐的持续时长都缩短至7秒，如图5-96所示。依次点击"特效"按钮⭐和"新增特效"按钮⭐，应用"漫画"分类中的"冲刺"特效，如图5-97所示，点击"确定"按钮✔，完成特效的添加。移动特效的位置，使其与主轨中的第二段素材对齐，如图5-98所示。

图5-96

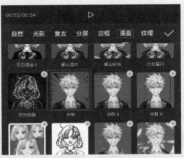

图5-97

图5-98

⑬ 预览最终效果，素材将根据节奏点依次出现，并伴随着甩动模糊效果，如图5-99～图5-101所示。播放到第四个节奏点时，画面将以漫画和模糊效果出现，如图5-102所示。

图5-99

图5-100

图5-101

图5-102

5.12 实战——制作朋友圈动态九宫格视频

本例制作一款朋友圈动态九宫格短视频，制作方法非常简单，具体操作方法如下。

01 发送一条带有九张纯黑图片的朋友圈，并将朋友圈背景替换为纯黑色，如图5-103所示，然后截图保存至相册。

图5-103

02 打开剪映App，点击"开始创作"按钮[+]，添加人物图片素材至剪辑项目中。

03 依次点击"音频"按钮♪和"音乐"按钮◑，将"卡点"分类中的"Crown（王冠）"添加至剪辑项目中，将时长设置为11秒并在5秒处添加一个节奏点，然后将主轨素材延长，使其与音乐素材的时长一致，在第5秒位置对视频素材进行分割，如图5-104所示。

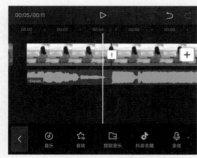

图5-104

04 返回首层，依次点击"特效"按钮✿和"新增特效"按钮✿，应用"基础"分类中的"模糊"特效，将"模糊"素材的持续时间延长，使其与主轨的前半段素材时长一致，如图5-105所示。

05 返回首层，点击"贴纸"按钮◐，将如图5-106所示的贴纸添加至项目的前半段，然后将如图5-107所示的贴纸添加至项目的后半段，完成后点击"导出"按钮，将视频保存至手机相册

中备用。

图5-105

图5-106   图5-107

06 回到剪映主界面，将朋友圈的图片素材添加至新的剪辑项目中，依次点击"画中画"◙按钮和"新增画中画"按钮➕，将上一步骤中导出的视频导入项目。

07 在画面中将图片缩放到完全遮盖住九张黑色图片，然后点击"混合模式"按钮⬚，选择"滤色"模式，此时在视觉上图片已经分割成九宫格，点击"确定"按钮✓。

08 点击"复制"按钮◱，将复制的素材拖至第二条画中画轨道，在画面中将其移动至朋友圈的背景处，如图5-108所示。

09 完成操作后，点击"导出"按钮，将视频导出并保存到手机相册中，最终效果如图5-109和图5-110所示。

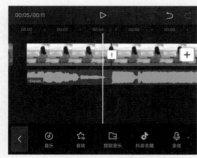

图5-108

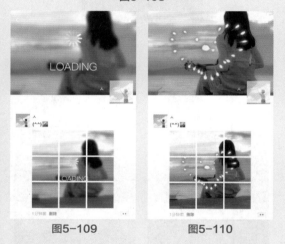

图5-109　　　　　　　图5-110

5.13　本章小结

　　学习视频剪辑是一件循序渐进的事情，要在实践的过程中逐步成长。在入门初期，大家可以先参考网上其他创作者的剪辑思路和制作方法，掌握各项剪辑功能的原理和操作方法，在累积了一定经验后，便能将自己的想法融入创作中。只有多练习，随时保持创作热情，持之以恒，才能成为一个优秀的短视频创作者。

第6章
Premiere Pro，功能强大的视频剪辑软件

Premiere Pro简称PR，是一款由Adobe公司开发推出的PC端视频编辑软件，是专业视频创作者不可或缺的编辑工具。Premiere Pro可以与Adobe公司的其他软件相互协作，被广泛应用于电视节目制作和广告制作行业。本章将通过制作一个Vlog实例视频的方式，为读者介绍Premiere Pro的常用功能和基本操作方法。本书所用软件版本为Adobe Premiere Pro 2020。

6.1 Premiere Pro 功能及界面速览

Premiere Pro是一款集剪辑、调色、美化音频、字幕添加、输出等多项功能于一体的全面型视频编辑软件，如图6-1所示，具有高效、易学的特点，在使用过程中可以激发用户的编辑能力和创作自由度，满足用户创作高质量作品的需求。

图6-1

第一次进入Premiere Pro的主界面，软件默认为"编辑"模式工作区，主要分为标题栏、菜单栏、源监视器、节目监视器、项目面板、工具栏、时间轴面板和音频仪表等区域，如图6-2所示。标题栏显示的为当前项目工程位置的存储位置，菜单栏

为软件按类型划分的引导式菜单，用户可以在工作区布局内选择或自定义符合自身需求模式的布局，源监视器为原始素材的预览窗口，节目监视器为编辑后的素材预览窗口，项目面板是导入素材的区域，工具栏为用户提供常用的视频编辑工具，时间轴面板是排列音频和视频素材的轨道，音频仪表是监视音频声量的工具，可用于查看音频是否爆音。

图6-2

6.2 将视频素材导入Premiere Pro

素材是视频编辑的基础，在开始编辑前，先将素材导入Premiere Pro中，导入素材的方法有很多种，下面为读者具体介绍。

扫码看教学视频

6.2.1 菜单栏导入

01 在导入素材前，先创建一个剪辑项目。打开Premiere Pro，单击"新建项目"按钮，弹出对话框，设置项目名称为"旅行Vlog"并选择一个存储位置，如图6-3所示，完成后单击"确定"按钮，进入编辑主界面。

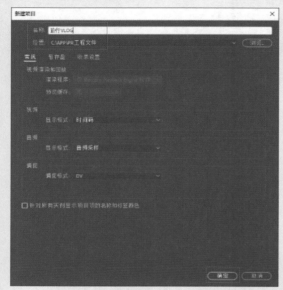

图6-3

02 在菜单栏中执行"文件"|"导入"命令，或按Ctrl+I组合键，如图6-4所示。在弹出的"导入"对话框中，将"1～17"MP4文件和"快门.wav、鸟叫.wav、音乐.wav"文件选中，然后单击"打开"按钮，如图6-5所示，即可将所选素材导入Premiere Pro。

图6-4

图6-5

◎提示·◎

在导入对话框内，既可以导入单个或多个素材，也可以直接将整个文件夹导入项目。

6.2.2 项目面板导入

在"项目"面板空白处双击，即可在弹出的"导入"对话框中添加素材。此外，也可在空白处右击，在弹出的快捷菜单中选择"导入"选项，如图6-6所示，即可弹出"导入"对话框，自行选择素材导入项目。

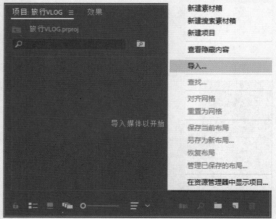

图6-6

6.2.3 直接拖入素材

打开素材所在文件夹，选中需要导入的素材，按住左键直接拖入"项目"面板，即可完成素材导入，如图6-7所示。

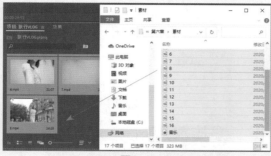

图6-7

6.3 将视频素材添加到"时间轴"面板

完成素材的导入后，便可以正式开始编辑工作，下面介绍将素材添加到时间轴面板的操作方法。

扫码看教学视频

6.3.1 建立序列

执行菜单栏中的"文件"|"新建"|"序列"命令，或按Ctrl+N组合键，如图6-8所示，在弹出的"新建序列"对话框中，选择"设置"属性，将"帧大小"设置为1920，"水平"设置为1080，"像素长宽比"设置为"方形像素（1.0）"，"场"设置为"高场优先"，完成后单击"确定"按钮，如图6-9所示。

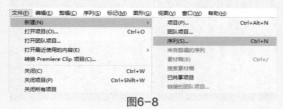

图6-8

图6-9

◎提示◦

在"新建序列"对话框内，除了可以自定义序列设置外，Premiere Pro还提供了多种序列预设，用户可以根据自身需求选择合适的序列预设，如图6-10所示。

图6-10

6.3.2 拖入时间轴

01 在"项目"面板中双击"17.mp4"素材；进入"源监视器"窗口，将当前位置定位至00:00:00:04处，按I键标记入点；将当前位置定位至00:00:03:10处，按O键标记出点，如

图6-11所示。按住"仅拖动视频"按钮，将
视频标记区间的素材拖动添加至时间轴的V1轨道
中，如图6-12所示。

图6-11

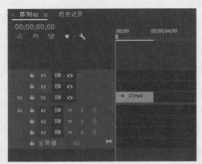

图6-12

◎提示•○

　　将素材拖动到时间轴上时，会弹出"剪辑不
匹配警告"对话框，如图6-13所示。单击"更
改序列设置"按钮，导入的素材会与序列的设置
相匹配；单击"保持现有设置"按钮，则素材不
会与序列设置匹配，由于提前设置完成了序列大
小，所以建议单击"更改序列设置"按钮。

图6-13

02 回到"源监视器"窗口，将当前位置定位至
00:00:20:07处，按I键标记入点；将当前位置
定位至00:00:23:28处，按O键标记出点，如
图6-14所示。按住"仅拖动视频"按钮，将
视频标记区间的素材拖动添加至时间轴的V1轨道
中，与前一段素材无缝衔接，如图6-15所示。

图6-14

图6-15

03 按照上一个步骤的操作方法，将"1.mp4"
素材00:00:17:04至00:00:24:21处的视频拖动添
加至时间轴的V1轨道中，使其与前一段素材无
缝衔接。然后单击工具栏中的"剃刀工具"按
钮，或按C键，在时间轴面板的00:00:10:03处
切割"1.mp4"素材，如图6-16所示。

图6-16

04 将"14.mp4"素材00:00:09:22至
00:00:13:03处的视频拖动添加至时间轴的V2
轨道中，如图6-17所示，然后把V1轨道中
"1.mp4"素材的后半部分向后拖动，再将V2
轨道的"14.mp4"素材移动至V1轨道中，将其
插入在"1.mp4"的两段素材中间，如图6-18
所示。

抖音+剪映+Premiere短视频制作从新手到高手

62

图6-17

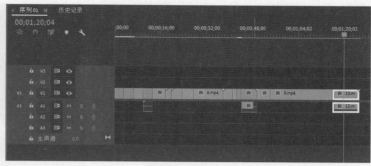

图6-19

图6-18

05 按照此方法，将"3.mp4"素材00:00:04:19至00:00:08:09的视频、"2.mp4"素材00:00:00:00至00:00:02:03的视频、"6.mp4"素材00:00:00:00至00:00:03:15的视频、00:00:05:20至00:00:09:20的视频、00:00:10:23至00:00:21:01的视频、"5.mp4"素材00:00:00:00至00:00:03:02的视频、00:00:10:14至00:00:12:03的视频、"17.mp4"素材的00:00:47:04至00:00:48:19的视频、"13.mp4"素材00:00:24:04至00:00:29:22的视频、"8.mp4"素材00:00:09:23至00:00:14:14的视频、"12.mp4"素材00:00:15:10至00:00:27:08的视频、"9.mp4"素材00:00:14:10至00:00:35:22的视频、"10.mp4"素材整段、"15.mp4"素材00:00:06:11至00:00:16:00的视频依次拖动至时间轴V1轨道中，并与前端素材无缝衔接，如图6-19所示。

6.4 解除视音频链接

为了避免出现视频同期声与背景音乐混合，导致音频嘈杂的情况，在编辑视频时需要将视音频进行分离，然后删除不必要的音频。

扫码看教学视频

01 按Ctrl+A组合键全选时间轴上的所有视频素材，右击，在弹出的快捷菜单中选择"取消链接"选项，如图6-20所示。

图6-20

02 完成操作后，将A1轨道中的所有音频素材选中，按Delete键删除即可。

◎提示···◎

若视频素材没有同期声，可跳过这一波操作。

6.5 调整片段播放速度

在编辑过长或过短的素材时，可以通过调整播放速度来将素材缩短或延长。

扫码看教学视频

01 选中V1轨道中的第三段素材"1.mp4"，右击，在弹出的快捷菜单中选择"速度/持续时间"选项，如图6-21所示。

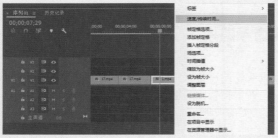

图6-21

02 在弹出的"剪辑速度/持续时间"对话框中，修改"速度"数值为120%，勾选"波纹编辑，移动尾部剪辑"复选框，如图6-22所示。这里需要注意的是，当速度值大于100%时，播放速度将变快；速度值小于100%时，播放速度会变慢。

图6-22

> ◎提示·◦
>
> 使用"比率拉伸工具"也可以调整素材的播放速度。单击工具栏中的"比率拉伸工具"按钮，或按R键后，拉住素材尾部向前或向后移动，如图6-23所示，可对素材片段进行加速或减速。需要注意的是，使用这种方法不能将速度值设置为精准的数值。

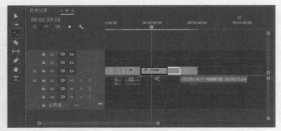

图6-23

> ◎提示·◦
>
> 在"剪辑速度/持续时间"对话框中将速度调高后，播放速度会变快，素材的持续时长也会缩短，此时在时间轴中素材会与后面的素材产生空隙，如图6-24所示，勾选"波纹编辑，移动尾部剪辑"复选框的意义则是将此段空白区域删除，使前后素材无缝衔接，如图6-25所示。

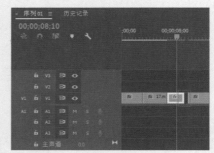

图6-24

图6-25

03 选中V1轨道的第四段素材"3.mp4"，单击"剃刀工具"按钮，在素材的中间位置切割一下，如图6-26所示，选中前半段素材，按Ctrl+R组合键，弹出"剪辑速度/持续时间"对话框，修改"速度"数值为115，勾选"波纹编辑，移动尾部剪辑"复选框，如图6-27所示，然后用此方法将后半段的"速度"数值设置为75，如图6-28所示。

图6-26　　　　　　　　　　　　图6-27　　　　　　　　　　图6-28

⑭ 按照上一步骤的操作方法，依次将时间轴上"2.mp4"素材的速度设置为85％，"6.mp4"的三段
素材的速度分别设置为150％、133％、118％，如图6-29所示。

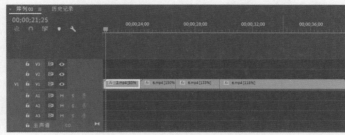

图6-29

⑮ 将"13.mp4"素材的速度设置为417％；将"8.mp4"素材的速度设置为172％；将"12.mp4"
素材的速度设置为320％；将"9.mp4"素材的速度设置为255％；将"10.mp4"素材的速度设置为
150％；将"15.mp4"素材的速度设置为200％，如图6-30所示。

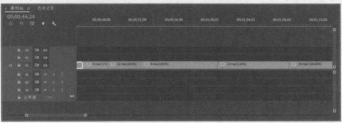

图6-30

6.6　添加背景音乐和音频过渡效果

完成素材的基本排列和剪辑后，继续为视频添加背景音乐和音频过渡效果。

⑪ 在"项目"面板将"音乐.wav"素材拖动添加至时间轴的A1轨道，如图6-31所示。

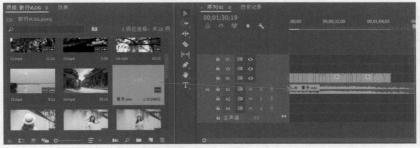

图6-31

扫码看教学视频

02 按住Shift键+左键移动当前时间器指示器至视频素材的最后一帧，单击工具栏中的"剃刀工具"按钮 ，将A1轨道的音频切割一下，如图6-32所示，然后将后面多余的部分删除，如图6-33所示。

图6-32

图6-33

◎提示•◎

在时间轴上按住Shift键+左键移动指示器时，会自动吸附在视频的第一帧或最后一帧的位置，起到精准定位的作用。

03 进入"效果"面板，执行"音频过渡"|"交叉淡化"|"恒定增益"命令，将其拖动添加至时间轴A1轨道的起始位置，再将"指数淡化"效果添加至结束位置，如图6-34所示，此时背景音乐呈淡入淡出的效果。

图6-34

6.7 添加转场与特效

完成以上基本操作后，可以为视频添加转场效果来达到丰富视频画面的目的。

01 在"效果"面板中，执行"视频过渡"|"擦除"|"渐变擦除"命令，将"渐变擦除"效果拖动添加至"17.mp4"和"1.mp4"素材的衔接处，如图6-35所示。

02 在弹出的"渐变擦除设置"对话框内，将"柔和度"设置为60（柔和度越高则渐变越自然），如图6-36所示，完成调整后的效果如图6-37所示。

扫码看教学视频

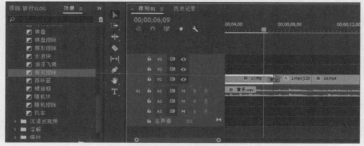
图6-35

图6-36

图6-37

03 在"效果"面板中，执行"视频过渡"|"内滑"|"内滑"命令，将效果拖动添加至"1.mp4"和"3.mp4"素材的连接处，如图6-38所示，添加后的效果如图6-39所示。

图6-38

图6-39

◎提示·○

在"效果"面板中，Premiere Pro提供了大量的视频过渡转场，如图6-40所示，用户可以根据实际情况，为素材添加合适的转场效果。

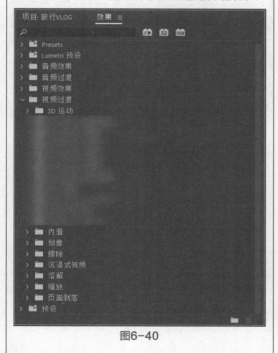

图6-40

6.8 添加转场音效

除背景音乐外，适当地为视频添加音效也能起到锦上添花的作用。

扫码看教学视频

01 双击"项目"面板中的"鸟叫.wav"素材，在"源监视器"中截取00:00:01:12～00:00:17:07这一段，按I键标记音频的入点，按O键标记音频的出点，如图6-41所示，然后左键按住"仅拖动音频"按钮 ↔↔，将音频拖入时间轴，与画面中人物看到小鸟的位置相对应，如图6-42所示。

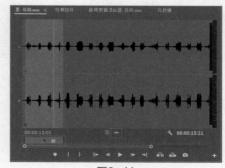

图6-41

图6-42

⑫ 配合画面的效果，当素材中的人物进行拍照活动时，可以为视频添加一个快门音效声，将"项目"面板中的"快门.wav"素材拖动至时间轴A1轨道中的00:00:25:29处，如图6-43所示。此时快门声正好对应画面中人物拍照的动作，如图6-44所示。

图6-43

图6-44

⑬ 参照此方法，依次在00:00:26:20、00:00:29:21、00:00:32:14、00:00:40:26和00:00:42:03这几个时间点添加快门音效声，如图6-45所示。

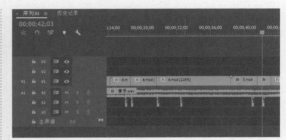

图6-45

6.9 制作片头片尾效果

为了让视频画面效果显得不单调，下面为视频做一个逐渐清晰的片头和一个逐渐模糊的片尾。

扫码看教学视频

⑪ 在"项目"面板中，单击"新建项"按钮 🗔 ，创建一个调整图层，将其拖动添加至时间轴的V2轨道上，时长与第一段视频素材保持一致，如图6-46所示。

⑫ 在"效果"面板的搜索框内输入"高斯模糊"，将对应效果拖动添加至时间轴的调整图层上，如图6-47所示。

图6-46

图6-47

⑬ 选中调整图层，在"效果控件"面板中，展开"高斯模糊"属性栏，在第一帧的位置单击

"模糊度"前的"切换动画"按钮⬮，添加一个关键帧，然后将"模糊度"设置为50，如图6-48所示。

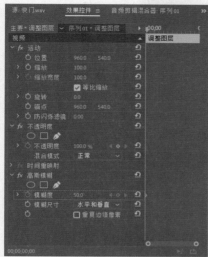

图6-48

04 按住Shift键并连按→键13次，将"模糊度"设置为0，此时会自动生成一个关键帧，框选两个关键帧，右击，在弹出的快捷菜单中依次选择"缓入"和"缓出"选项，如图6-49所示。

图6-49

◎提示·◦

　　左、右方向键在时间轴中可以快速移动当前时间指示器，按住方向键移动1次代表1帧，而按住Shift键后再按方向键移动1次则代表5帧。

05 完成操作后的画面效果如图6-50和图6-51所示，可以看到画面从模糊逐渐变清晰。

图6-50

图6-51

◎提示·◦

　　缓入缓出的作用是为了使播放时画面出现的更流畅，不生硬。

06 将"效果"面板中的"高斯模糊"效果添加至最后一段素材，在"效果控件"面板中，按住Shift键并连按→键11次，单击"模糊度"前的"切换动画"按钮⬮，添加一个关键帧，将"模糊度"设置为0，如图6-52所示。然后在素材的最后一帧再添加一个关键帧，将"模糊度"数值设置为30，并在框选两个关键帧后右击，在弹出的快捷菜单中依次选择"缓入"和"缓出"选项，如图6-53所示。

图6-52

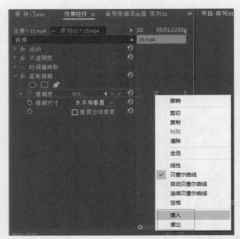

图6-53

07 在"效果"面板的搜索框内输入"黑场过渡",将该效果拖动添加到最后一段素材上,如图6-54所示。

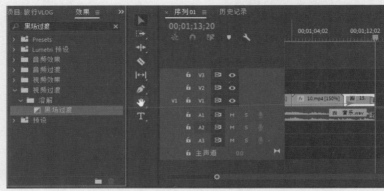

图6-54

08 完成操作后的画面效果如图6-55~图6-57所示,可以看到画面从清晰逐渐变模糊。

图6-55

图6-56

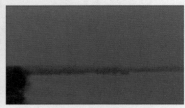

图6-57

6.10 添加文字效果

01 单击工具栏中的"文字工具"按钮 **T**,或按T键切换至文字工具后,在"节目"监视器窗口中输入文字"古城一日游",时长与调整图层保持一致。选择一个字体,将"文字大小"设置为240,勾选"阴影"复选框,颜色选择"黑色",将"不透明度"设置为100,然后分别单击"垂直居中对齐"按钮 和"水平居中对齐"按钮 ,将文字摆放到合适位置,如图6-58所示。

扫码看教学视频

图6-58

02 选中文字素材，在"效果控件"面板中，在
起始位置单击"不透明度"前的"切换动画"按
钮 🕑，添加一个关键帧，将"不透明度"设置为
100%，如图6-59所示。

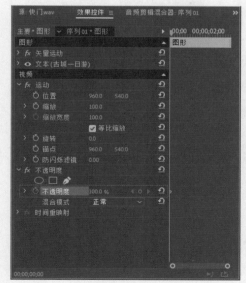

图6-59

03 在素材的结尾处添加一个关键帧，将"不透
明度"设置为0%，然后框选两个关键帧后右
击，在弹出的快捷菜单中依次选择"缓入"和
"缓出"选项，如图6-60所示。

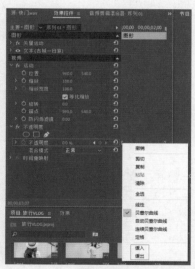

图6-60

04 完成操作后的画面效果如图6-61和图6-62
所示，可以看到文字从不透明逐渐变透明，直至
消失。

图6-61

图6-62

6.11 对画面进行调色

所有效果制作完毕后，就需要对画面进行调色处理，以弥补前期拍摄时所产生的画面效果不佳的问题。

扫码看教学视频

01 在"项目"面板中单击"新建项"按钮🖵，创建一个新的调整图层，并将其拖动添加至V4轨道中，时长与视频总时长保持一致。执行"窗口"|"Lumetri颜色"命令，打开"Lumetri颜色"面板，如图6-63所示。

图6-63

02 将当前时间指示器移动至任意画面中有人物出现的位置，在"Lumetri颜色"面板中，展开"基本校正"属性栏，如图6-64所示，可以看到画面偏黄，光线偏暗。

03 将"色温"设置为−11.3，"色彩"设置为3.8，"曝光"设置为0.6，"对比度"设置为−68，"高光"设置为4.6，"阴影"设置为−7.1，"白色"设置为4.6，"黑色"设置为8.8，此时画面曝光正常，黄色去除，人物面部肤色为冷白，如图6-65所示。

抖音+剪映+Premiere短视频制作从新手到高手

72

图6-64

图6-65

04 展开"色轮和匹配"属性栏，左键按住阴影色轮上的十字形按钮➕向黄红区域微微拖动，然后按住高光色轮上的十字形按钮➕向青蓝区域微微拖动，此时画面带微红的阴影，整体偏洋红，如图6-66所示。

图6-66

05 调色前后的对比如图6-67和图6-68所示，可以看到调色前画面偏暗，人物偏黄，调色后画面光线充足，人物皮肤白皙，整体呈清新甜美风格。

图6-67

图6-68

06 在"节目"监视器中播放预览画面效果，发现这个调色并不适用于所有场景，前面两段素材在调色后画面曝光过度。单击工具栏中的"剃刀工具"按钮，或按C键切换至"剃刀工具"，在第二段素材的结尾处切割调整图层，如图6-69所示。

图6-69

07 选中前部分的调整图层，在"Lumetri颜色"面板中，将"色温"设置为−5.4，"曝光"设置为0，"对比度"设置为−15，"高光"设置为−30，"阴影"设置为0，"白色"设置为−17，"黑色"设置为21.2，如图6-70所示。

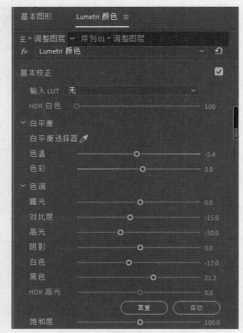

图6-70

08 完成操作后的画面效果如图6-71和图6-72所示，可以看到画面曝光正常。

图6-71

图6-72

◎提示·◎

调色没有固定的参数也没有万能模板可以套用，这一张图的色调不一定适用另一张。在开始调色之前，需要对调色的原理有一个基本的认识，而不是单纯地去模仿某一种色调。

6.12 在Premiere Pro中输出成片

完成所有操作后，就可以将剪辑项目输出为成片进行保存和分享了。

① 执行"文件"|"导出"|"媒体"命令，或按Ctrl+M组合键，如图6-73所示。

图6-73

② 在弹出的"导出设置"对话框中，将"格式"设置为H.264，并为视频设置一个输出名称和输出位置，完成后单击"导出"按钮，如图6-74所示。

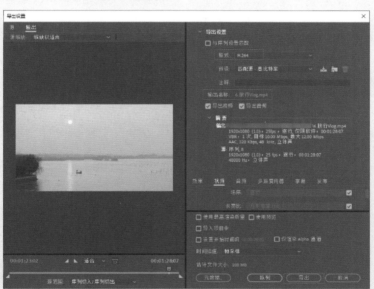

图6-74

6.13 本章小结

通过本章内容的学习，相信读者对Premiere Pro常用的功能已经有了基本了解，想要熟练地掌握各功能的运用方法必须经过长时间的练习，如果遇到了困难，不妨先放下手头的工作，去网上看看其他创作者的作品，吸取别人的优点，多与别人交流，总结自己视频中的不足之处，从剪辑、内容、音乐、字幕等多个方面来分析如何将视频做得更好。

第7章
辅助工具，解决短视频制作的多重需求

　　短视频的创作除了要依靠前期拍摄和后期处理，使用合适的辅助工具也非常必要。辅助工具不仅能提高制作效率，节省内存空间，还能提升画面品质。本章就为读者介绍一些制作短视频时常用的录屏工具、格式转换工具、压缩工具、图像处理工具和字幕添加工具。

7.1 实战——使用Camtasia Studio录制电脑屏幕

　　Camtasia Studio是一款集录屏、剪辑、制作等功能于一体的强大软件，本节使用的软件版本为Camtasia Studio 20.0.12。进入软件主界面后，即可看到软件常用到的一些功能，左上角就是本节要学习的屏幕录制功能，如图7-1所示。

扫码看教学视频

图7-1

　　单击"录制"按钮，或按Ctrl+R组合键，弹出录制设置框，用户可在"录制区域"调整屏幕录制的规格，或移动录制框内的八个点来完成录制规格的调整，如图7-2所示。调整完成后，单击"rec"按钮，或按F9键即可开始屏幕录制。录制时会弹出计时框，用户可以对当前录制的内容进行删除、暂停和停止等处理，如图7-3所示。

图7-2　　　　　　　　　　　　　　　　　　　图7-3

单击"停止"按钮后，录制完成的画面会导入Camtasia Studio中，用户可以对画面进行进一步处理，如图7-4所示。

图7-4

7.2 实战——使用"录屏"功能录制手机屏幕

本节以iPhone手机为例，为读者演示使用"录屏"功能录制手机屏幕的方法。在屏幕右上角下滑弹出功能菜单，点击"屏幕录制"按钮 ，即可开始录制屏幕，如图7-5所示。长按"屏幕录制"按钮 ，进入设置界面，调节麦克风的开关，打开麦克风便能将屏幕外的声音录制进去，如图7-6所示。

扫码看教学视频

图7-5　　　　　　　　图7-6

77

　　《格式工厂》是一款免费的多媒体格式转换软件，该软件操作简单，非常适合新手使用。打开《格式工厂》软件，在界面左侧可以根据需求选择需要转换的格式，如图7-7所示。

图7-7

　　举例说明，如果要转换视频格式，可以单击"→MP4"按钮，进入文件添加界面，将需要转换的文件拖入面板，单击右上角的"输出配置"按钮，可在打开的界面中调整参数、设置水印等，在左下方可以修改导出文件的存放位置，如图7-8所示，设置完成后单击"确定"按钮。

图7-8

　　文件将被添加至导出栏，单击"开始"按钮，即可开始文件格式的转换，用户可查看输出及转换状态，如图7-9所示。

图7-9

7.4 实战——使用《小丸工具箱》压缩视频

《小丸工具箱》是一款处理音视频等多媒体文件的软件，压缩文件时快捷高效，且不易损坏视频画质，即使在素材较多的情况下，进行批量压制也非常方便，如图7-10所示。

扫码看教学视频

图7-10

这里以单独压制为例，在设置完成各项参数后，单击"压制"按钮，软件便会自动开始压缩，原始文件越大压制速度则越慢，如图7-11所示。

图7-11

压缩前后的文件大小对比如图7-12所示。

图7-12

7.5 实战——使用《美图秀秀》处理短视频封面

制作一张精美的封面是短视频创作过程中必不可少的一步，因为封面是吸引观众视线的重要因素之一。《美图秀秀》是集照片特效、人像美容、图片美化等功能于一体的图像处理软件，能够满足日常创作时制作封面的需求。下面为大家介绍如何使用《美图秀秀》中的图片美化功能来制作一张精美的短视频封面图。

扫码看教学视频

启动美图秀秀App，在主界面点击"图片美化"按钮并添加一张照片到软件中。点击工具栏中的"一键抠图"按钮，软件会自动识别并抠出图中的人物，如图7-13所示。

图7-13

在"一键抠图"工具栏中，选择一个抠图样式，如图7-14所示，然后在"背景"工具栏中，选择一个背景样式，如图7-15所示。

图7-14　　　　图7-15

返回编辑主界面，进入"文字"工具栏，在会话气泡中选择一个文字气泡并输入文字"MY VLOG"，将气泡缩小并移动到画面右上方，如图7-16所示。完成操作后，点击"确定"按钮✓。

点击"涂鸦笔"工具，选择一个画笔样式，在画面中进行涂鸦，如图7-17所示，在"更多素材"中还可以下载其他画笔样式进行使用。

完成制作后，点击"保存"按钮，将图像保存至相册，最终效果如图7-18所示。

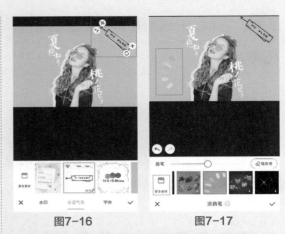

图7-16　　　　图7-17

图7-18

7.6 实战——使用《网易见外工作台》快速添加视频字幕

《网易见外工作台》是一个集视频听翻、直播听翻、语音转写、文档直翻功能等于一体的AI智能语音转写听翻平台。在制作短视频时，用户可以根据需求选择不同功能，如图7-19所示。下面为大家介绍如何使用"视频转写"功能快速为视频添加字幕。

扫码看教学视频

进入"视频转写"界面，为项目设置一个名称，然后将需要进行转换的视频上传，并根据视频语言选择文件语言，如图7-20所示。设置完成后单击"提交"按钮，平台将自动进行处理，如图7-21所示。

图7-19

图7-20

图7-21

处理完成后的效果如图7-22所示，双击文字可以修改不正确的词句，单击"导出"按钮，即可将字幕文件保存到计算机中。

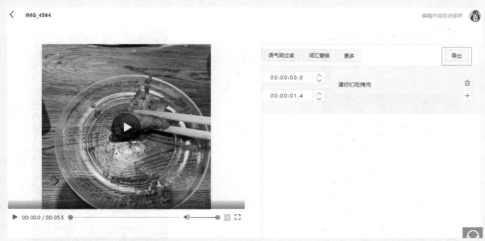

图7-22

在Premiere Pro中创建一个剪辑项目，将原始视频和字幕文件导入项目，并分别拖入时间轴的V1和V2轨道。双击字幕文件，在弹出的"字幕"属性栏中，可以任意修改字幕的样式、大小等参数，如图7-23所示。完成后导出的最终效果如图7-24所示。

图7-23

图7-24

7.7 实战——使用《字说》制作文字视频

图7-26 　　　　　　　图7-27

《字说》是一款能快速制作文字动画短视频的手机App，在手机上即可制作出快闪、弹幕等文字动画，下面介绍使用字说制作旋转文字视频的方法。

扫码看教学视频

打开字说App，点击顶部的"发现"按钮进入首页，点击"旋转文字"按钮，如图7-25所示。在导入界面中，点击右边的"导入"按钮，将提前录制完成的语音视频导入，或点击中间的"录音"按钮进行实时录音，在题词库中有大量文字素材供用户参考，如图7-26所示。将视频导入后，软件会自动识别声音，如图7-27所示。

识别完成后，在编辑界面中可以任意选择文字样式，或进行添加贴纸、设置音乐、更换背景等操作，如图7-28所示。完成操作后得到的画面效果如图7-29和图7-30所示。

图7-25

图7-28

抖音+剪映+Premiere短视频制作从新手到高手

82

图7-29

图7-30

7.8 本章小结

　　本章为读者介绍了录屏、视频格式转换、压缩视频、图像处理和字幕添加等操作，大家可以根据自身需求选择合适的辅助工具，这样不仅可以在后期处理时提高制作效率，还能有效地提升视频质量，节省存储空间。

第7章　辅助工具，解决短视频制作的多重需求

第8章
片头片尾，迅速打造个性短视频账号

片头和片尾是视频中承上启下的桥梁和纽带，可以增加影片的完整性。在短视频中虽然只有短短几秒，但却是非常重要的组成部分。片头通常用来引入正片主题，可以使观众的注意力迅速集中投入到影片中，片尾则起到总结全片内容的作用。

8.1 实战——电影帷幕拉开效果

帷幕拉开效果是电影中常见的开场方式，画面从全黑开始，再从中间逐渐向两边开开，最终得到像电影一样的16∶9画幅效果，这种开场非常适合在短视频Vlog中使用，如图8-1所示。

扫码看教学视频

图8-1

具体操作方法如下。

01 启动Premiere Pro软件，执行"新建项目"命令，弹出"新建项目"对话框，在"名称"文本栏中输入项目名称"电影帷幕拉开效果"，设置项目文件存储位置后，单击"确定"按钮，如图8-2所示。

02 进入Premiere Pro的视频编辑界面，执行"文件"|"导入"命令，将素材"公路.mp4"导入"项目"面板并将其拖入时间轴，如图8-3所示。

图8-2

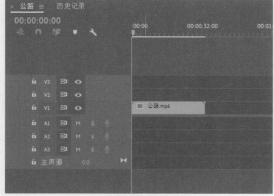

图8-3

09
10
11
12

◎提示·◦

　　在素材只有一个或多个素材尺寸相同的情况下，可以不用新建序列，直接拖入时间轴即可自动新建序列。

⑩ 单击"项目"面板右下方的"新建项"按钮🔲，在弹出的菜单中选择"调整图层"命令，如图8-4所示。弹出"调整图层"对话框后，保持默认设置，单击"确定"按钮，如图8-5所示。

图8-5

⑭ 在"项目"面板中，将创建完成的"调整图层"拖入时间轴，长度与"公路.mp4"素材保持一致，如图8-6所示。

◎提示·◦

　　创建调整图层的好处在于保持了视频主体与帷幕效果的独立性，在调整图层上进行效果制作便于后期修改或删除，且不会影响视频本身，也能更明了地看到效果添加前后的对比。简单的效果也可以直接在视频上进行制作，影响不大，修改起来也简单，复杂的效果，尤其是调色，则建议在调整图层上制作。

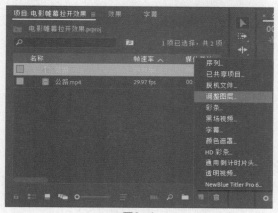

图8-4

⑮ 在"效果"面板的搜索框中输入"裁剪"，将对应效果添加到调整图层中，如图8-7所示。

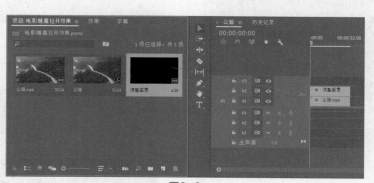

图8-6

图8-7

06 将"当前时间"设置为00:00:00:00，在"效果控件"面板中展开"裁剪"属性框，单击"顶部"和"底部"左侧的"切换动画"按钮 ⏱，添加两个关键帧；再分别修改"顶部"和"底部"的参数为50%，如图8-8所示。在"节目"监视器窗口中，可预览当前画面效果，如图8-9所示。

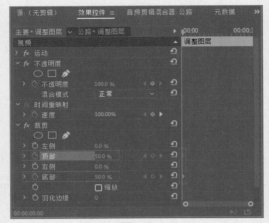

图8-8

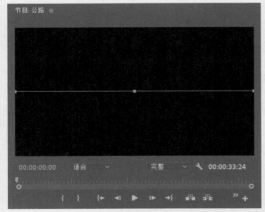

图8-9

07 将"当前时间"设置为00:00:07:00，分别修改"顶部"和"底部"的参数为13%，添加两个关键帧，如图8-10所示。在"节目"监视器窗口中，可预览当前画面效果，如图8-11所示。

◎提示⋅

如果希望画面完全展开，则可以在调节第二处关键帧时，将"顶部"和"底部"参数设置为0%，这样画面将不保留顶部和底部的黑色区域，根据自身需要，可以任意调节第二处关键帧的数值来达到满意的效果。

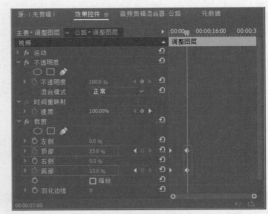

图8-10

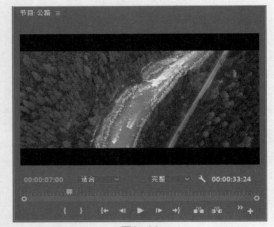

图8-11

08 根据上述步骤，操作完成后得到的效果如图8-12和图8-13所示。

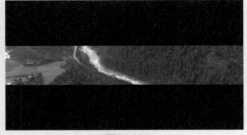

图8-12

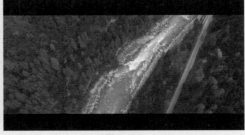

图8-13

◎提示•◦

　　本例制作的电影帷幕拉开效果产生的黑色区域叫作"黑边"，英语为Letter Box，这是由于原始画面和显示画面尺寸规格不同导致的。黑边效果在电影中很常见，通常配合视觉特效、声音特效和人物特写等来烘托场景氛围。如果要消除黑边，只需在导出时将尺寸统一即可。

8.2 实战——制作酷炫闪现开场

　　本例需要提前准备三段视频素材，分别是空镜、同一位置的人物视频及火焰喷射素材，在制作时将与"导出帧"和"轨道遮罩键"功能配合，制作出酷炫的闪现开场效果，具体操作方法如下。

扫码看教学视频

① 在Premiere Pro中新建一个名称为"酷炫闪现开场效果"的项目，将"空镜.mp4""人物.mp4"和"火焰"素材导入"项目"面板，并依次将"空镜.mp4"和"人物.mp4"素材拖入时间轴，此时会自动建立一个序列，如图8-14所示。

② 将当前时间指示器移动到"人物.mp4"素材的起始处，单击"节目"监视器窗口下方的"导出帧"按钮 ，或按Ctrl+Shift+E组合键，在弹出的"导出帧"对话框中勾选"导入到项目中"复选框，如图8-15所示，完成后单击"确定"按钮。

③ 将导出的单帧画面拖至V2轨道的00:00:01:17时间点，将其持续时间调整为00:00:00:20，然后将"火焰.mp4"素材拖入V3轨道，与V2轨道的素材首尾对齐，结尾处与"人物.mp4"素材的起始处相连，如图8-16所示。

图8-14

图8-15

图8-16

◎提示•◦

　　此处的素材持续时长并不是固定值，仅供大家参考，读者可根据自己的实际情况调整素材的持续时间。

04 选中"火焰.mp4"素材，在"效果控件"面板中展开"运动"属性栏，将"不透明度"降低到能看清"人物.mp4"素材，放大并移动火焰素材的位置，使其完全将人物覆盖住，如图8-17所示，调整完成后，将"不透明度"值修改为100%。

图8-17

05 在"效果"面板的搜索框中输入"轨道遮罩键"，将对应效果拖动添加至V2轨道的素材中，如图8-18所示。

图8-18

06 在"效果控件"面板中，展开"轨道遮罩键"属性栏，将"遮罩"设置为"视频3"，将"合成方式"设置为"亮度遮罩"，如图8-19所示。

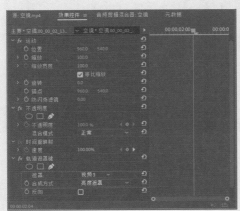

图8-19

07 此时在"节目"监视器窗口中可以看到，人物影像呈溶解状态，如图8-20所示。

图8-20

⑧ 将所有素材选中，右击，在弹出的快捷菜单中选择"嵌套"选项，如图8-21所示。

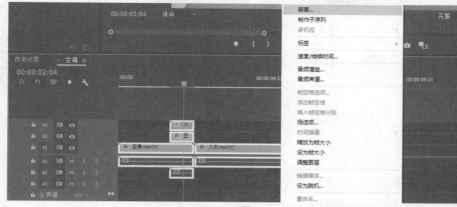

图8-21

⑨ 嵌套完成后的效果如图8-22所示，接着，将当前时间指示器移动至起始点。

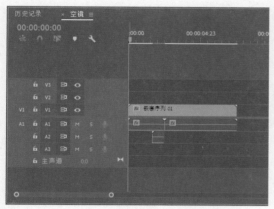

图8-22

⑩ 选中嵌套素材，在"效果控件"面板中展开"运动"属性框，单击"缩放"左侧的"切换动画"按钮，并将"数值"设置为150，如图8-23所示，然后将"当前时间"设置为00:00:02:13，将"数值"设置为100，如图8-24所示。

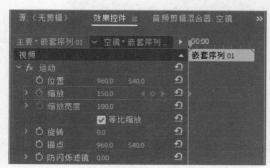

图8-23

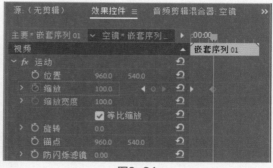

图8-24

⑪ 将右侧时间线上的两个关键帧选中，右击，在弹出的快捷菜单中选择"贝塞尔曲线"选项，如图8-25所示。此时缩放效果变为缓入缓出，呈现出更为自然流畅的效果。

图8-25

⑫ 在"节目"监视器窗口中，按空格键播放视频，可以看到画面从大到小，人物从隐到现，效果如图8-26～图8-28所示。

图8-26

图8-27

图8-28

◎提示·○

　　遮罩本身是不显示的，起到的只是透光作用，即识别画面中的透明区域并将这些区域转换为遮罩，覆盖底下的内容，只保留中间不透明的部分。例如，当遮罩是一个圆形时，光线会透过圆形射到底下的图层中，下方的图层也只会显示圆形的部分。本节案例所用的亮度遮罩读取的是画面的明度信息，即亮处不透暗处透，所以给火焰素材加上亮度遮罩后，除了发亮的火焰为不透明，其他的黑色部分都是透明的。

8.3 实战——蒙版文字开场效果

　　本例利用关键帧与蒙版，打造出独特美观的视觉效果，通过本例的学习，可以让读者了解并掌握关键帧和蒙版的使用方法，具体操作方法如下。

扫码看教学视频

01 在Premiere Pro中新建一个名称为"蒙版文字开场"的项目，将"滑雪.jpg"素材导入"项目"面板，并将素材拖入时间轴，此时会自动建立一个序列。

02 按住Alt键+左键，将V1轨道的素材向V2和V3轨道中拖动复制一层，然后单击V2和V3轨道上的"切换轨道输出"按钮◎，将轨道素材暂时隐藏，如图8-29所示。

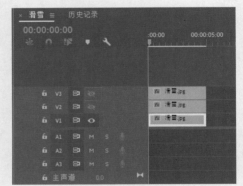

图8-29

03 选中V1轨道中的素材，在"效果控件"面板中单击"位置"属性旁的"切换动画"按钮⊙，在X轴坐标数值上按住左键向右移动，直到素材完全消失在画面中，如图8-30所示。

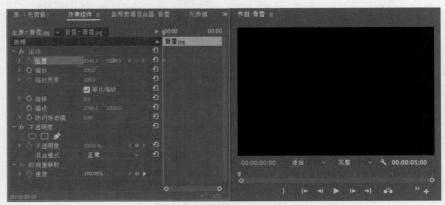

图8-30

04 按住Shift键并连按→键十次，然后单击"位置"属性栏中的"重置参数"按钮🔄，此时X轴数值恢复为原始值，画面完全显示，如图8-31所示。

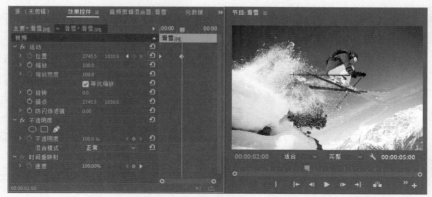

图8-31

05 按住左键，将右边时间线上的两个关键帧框选，右击，在弹出的快捷菜单中选择"临时插值"中的"贝塞尔曲线"选项，如图8-32所示。

06 展开"位置"属性框，将时间线上的速度曲线控制点向左移动，使速度曲线的峰值定在第一帧，移动前后对比如图8-33和图8-34所示。

07 将V1轨道的"切换轨道输出"按钮🔳禁用，V2轨道的"切换轨道输出"按钮👁启用，选中V2轨道的素材，在"效果控件"面板中单击"不透明度"属性框中的"自由绘制贝塞尔曲线"工具，此时会自动生成一个蒙版属性栏，如图8-35所示。

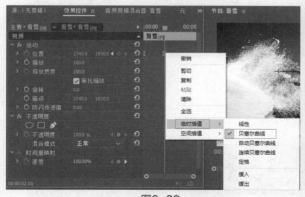

图8-32

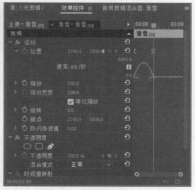

图8-33

图8-34

图8-35

⑧ 在"节目"监视器窗口中，单击绘制一个图形，标记点首尾处相连即绘制完成，且画面只显示被绘制的区域，绘制过程如图8-36和图8-37所示。

图8-36

图8-37

⑨ 在"效果控件"面板中，单击"位置"属性旁的"切换动画"按钮，在X轴坐标数值上按住左键向右移动至素材完全消失在画面中，如图8-38所示。

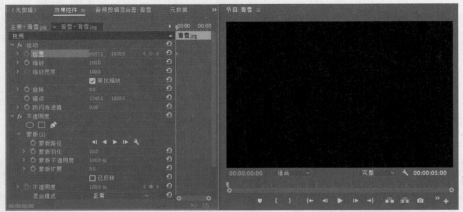

图8-38

⑩ 按住Shift键并连按→键十次，然后单击"位置"属性栏中的"重置参数"按钮，此时X轴数值恢复为原始值，蒙版内画面完全显示。最后框选两个关键帧，右击，在弹出的快捷菜单中选择"贝塞尔曲线"选项，如图8-39所示。

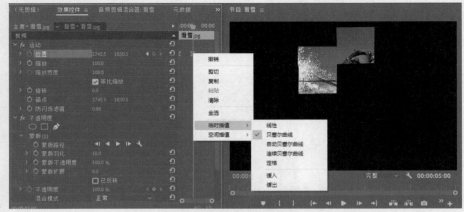

图8-39

⑪ 将当前时间指示器移动至视频起始处，按住Shift键并连按→键三次，将速度曲线控制往指示器所处的位置拉动，如图8-40所示。

⑫ 将V2轨道的"切换轨道输出"按钮 🚫 禁用，V3轨道的"切换轨道输出"按钮 👁 启用，选中V3轨道的素材，在"效果控件"面板中单击"不透明度"属性框中的"自由绘制贝塞尔曲线"工具 ✐，并在"节目"监视器窗口中任意绘制一个图形，如图8-41所示。

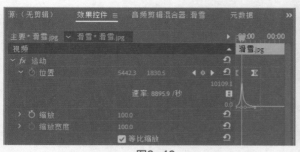

图8-40　　　　　　　　　　　　　　　　　　图8-41

⑬ 参照步骤3～步骤6中V1轨道素材效果的制作方法，继续处理V3轨道中的素材，完成后的效果如图8-42所示。

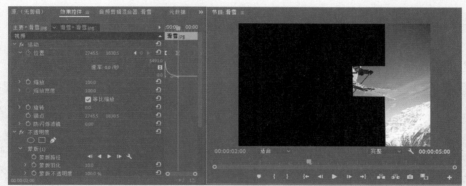

图8-42

⑭ 分别单击V2和V3轨道的"切换轨道输出"按钮 👁，选中V1轨道素材，将当前时间指示器移动至起始处，单击"不透明度"属性框中的"创建4点多边形蒙版"按钮 ▭，勾选"已反转"复选框，然后单击"蒙版路径"前的"切换动画"按钮 ⏱，创建关键帧，最后在"节目"监视器窗口中将矩形蒙版移动至画面右上方，如图8-43所示。

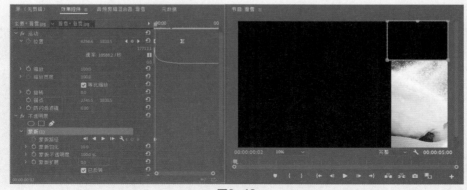

图8-43

⑮ 按住Shift键并连按→键五次，然后单击"蒙版"属性，将矩形蒙版调出来，在"节目"监视器窗口中，将矩形蒙版向左移动到画面外，如图8-44所示。

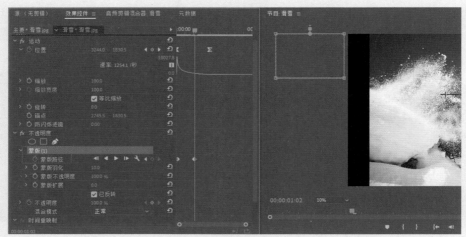

图8-44

⑯ 在"节目"监视器窗口中，按空格播放预览效果，画面将呈现不规则的进场效果，如图8-45
所示。

⑰ 将所有轨道素材框选，右击，在弹出的快捷菜单中选择"嵌套"选项，对素材进行嵌套，然后将
当前时间指示器移动至起始点，在"效果"面板的搜索框中输入"镜头扭曲"，将对应效果拖动添加
到V1轨道的素材上，如图8-46所示。

图8-45

图8-46

⑱ 在"效果控件"面板中，在"镜头扭曲"属性中，单击"曲率"前的"切换动画"按钮⚙，添加关
键帧，并将数值设置为10，如图8-47所示。按住Shift键并连按→键三次，然后将"曲率"的数值设
置为0，"填充颜色"设置为黑色，如图8-48所示。

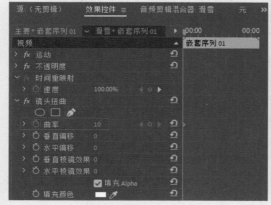

图8-47

图8-48

⑲ 在"项目"面板右下方，单击"新建项"按钮 ，选择"颜色遮罩"选项，单击"确定"按钮后，在弹出来的"拾色器"对话框中选择红色，然后将创建的"颜色遮罩"拖动至时间轴的V2轨道上，如图8-49所示。

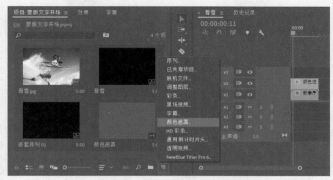

图8-49

⑳ 在"效果控件"面板中，单击"不透明度"属性中的"创建椭圆形蒙版"按钮 ，然后在"节目"监视器窗口中，将蒙版旋转放大并移动至画面右上方，将"蒙版羽化"数值设置为1200，"蒙版扩展"设置为80，"混合模式"设置为滤色，如图8-50所示。

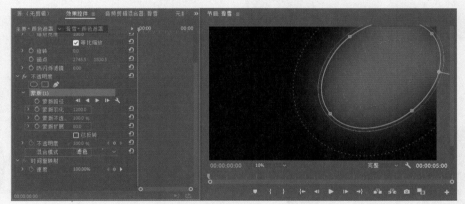

图8-50

㉑ 将当前时间指示器移动至起始处，将"蒙版"属性栏中的"不透明度"数值设置为0%，按住Shift键并按→键一次，把"不透明度"数值设置为30%；再按住Shift键并连按→键九次，把"不透明度"数值设置为0%，如图8-51所示。

㉒ 在时间轴面板中，按住Alt键+左键，将"颜色遮罩"图层向V3轨道复制一层，此时在"节目"监视器窗口播放预览效果，画面右上方呈红色发光效果，如图8-52所示。

图8-51

图8-52

㉓ 单击工具栏中的"文字工具"按钮 T 或按T 键，在"节目"监视器窗口的画面上输入文字 "我的世界"，然后在"基本图形"面板中，将 "文字大小"设置为750。选择合适的字体，再 分别单击"垂直居中对齐"按钮 回 和"水平居 中对齐"按钮 回，如图8-53所示。将"填充颜 色"设置为白色，勾选"阴影"复选框，将颜色 设置为黑色，如图8-54所示。

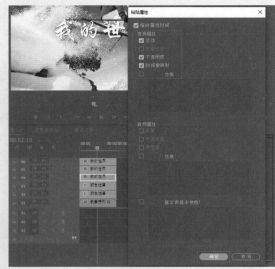

图8-56

图8-53   图8-54

㉗ 参照上一步骤中所讲的方法，分别将"嵌套 序列01"序列的V2和V3轨道的素材属性粘贴至 "滑雪"序列中的V5和V6轨道素材中，完成后 在"节目"监视器窗口播放预览最终效果，如 图8-57～图8-59所示。

㉔ 将文字素材移动至V4轨道，首尾与下方素材 对齐，按住Alt键+左键，将素材向V5、V6轨道 上分别复制一层，如图8-55所示。

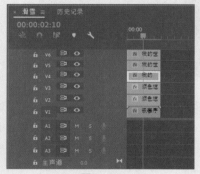

图8-55

㉕ 双击V1轨道中的"嵌套序列01"素材，此时 将自动弹出"嵌套序列01"序列，右击V1轨道 中的素材，在弹出的快捷菜单中选择"复制" 选项。

㉖ 返回"滑雪"序列，右击V4轨道中的素材， 在弹出的快捷菜单中选择"粘贴属性"选项，在 弹出的对话框中将"运动""不透明度"和"时 间重映射"复选框全部勾选，然后单击"确定" 按钮，如图8-56所示。

图8-57

图8-58

图8-59

8.4　实战——Vlog搜索框动画片头

　　本例主要利用关键帧制作文字逐渐显示及鼠标单击的动画效果，通过本例的学习，读者将了解和掌握关键帧的使用方法，具体操作方法如下。

扫码看教学视频

01 在Premiere Pro中新建一个名称为"Vlog搜索框动画片头"的项目，将"背景.jpg""鼠标.png""按钮.png""鼠标音效.wav"和"打字机音效.wav"素材导入"项目"面板，然后将"背景.jpg"素材拖入时间轴，此时会自动建立一个序列。

图8-60

02 执行菜单栏中的"文件"|"新建"|"旧版标题"命令，如图8-60所示，在弹出的"新建字幕"对话框中修改名称为"搜索框"，如图8-61所示，单击"确定"按钮。

图8-61

03 进入字幕界面后，单击工具栏中的"圆角矩形工具"按钮 ⬭ ，在预览画面中绘制一个圆角矩形，在旧版标题属性菜单中，取消勾选"填充"复选框，然后单击"外描边"旁边的"添加"按钮，设置"类型"为边缘，"大小"设置为20，"填充类型"设置为实底，"颜色"设置为白色。接着，勾选"阴影"复选框，将"颜色"设置为黑色，"不透明度"设置为15%，如图8-62所示，单击"关闭"按钮 ✕ ，返回视频编辑界面。

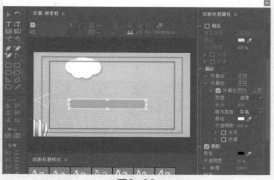

图8-62

04 在"项目"面板中，将"搜索框"字幕条拖动至时间轴的V2轨道上，首尾与V1轨道素材对齐，如图8-63所示。

图8-63

05 单击工具栏中的"文字工具"按钮 T 或按T键，在"节目"监视器窗口中单击（这里先不输入文字），然后在"基本图形"面板中，选择合适的字体，"字体大小"设置为260，"填充颜色"设置为白色，勾选"阴影"复选框，将"颜色"设置为黑色，如图8-64所示。

06 将当前时间指示器移动至起始处，在"效果控件"面板中展开"文本"属性栏，单击"源文本"前的"切换动画"按钮 ⏱ ，添加一个关键帧，然后在"节目"监视器窗口中输入文字"我"，如图8-65所示。

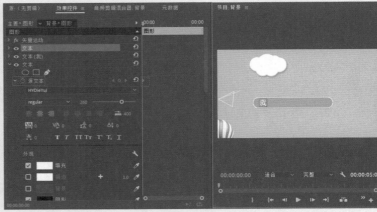

图8-64   图8-65

⑦ 按住Shift键并按→键一次，输入第二个文字"的"，此时时间线上会自动添加一个关键帧，如图8-66所示。

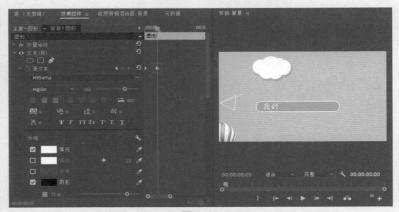

图8-66

⑧ 按照上述操作，依次将文字"第""一""条""V""l""o""g"添加至画面中，添加完成后的效果如图8-67所示。

⑨ 在时间轴面板中，将V3轨道中的文字素材向后拖动五帧（即按住Shift键并按→键一次），然后将"打字机音效.wav"素材拖入时间轴的A1轨道中，开头与文字素材对齐，如图8-68所示。

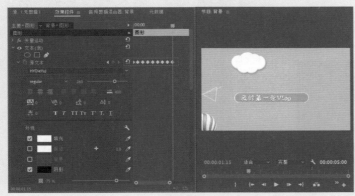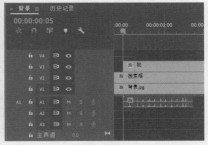

图8-67   图8-68

⑩ 将"按钮.png"素材和"鼠标.png"素材分别拖入时间轴的V4轨道和V5轨道中，开头与文字素材对齐，然后在"节目"监视器窗口中，将"按钮.png"素材缩小放在文字的后面，将"鼠标.png"素材缩小放在画面右下方，如图8-69所示。

图8-69

⑪ 在时间轴面板中，按住Shift键并连按→键八次（即文字完全显示出来的位置），选中"鼠标.png"素材，在"效果控件"面板中单击"位置"属性栏前的"切换动画"按钮🕐，然后按住Shift键并按→键五次，在"节目"监视器窗口中双击"鼠标.png"素材，将其移动至"按钮.png"素材的上方，如图8-70所示。

图8-70

┌─────────────────────────────┐
│ ◎提示·◦   │
│   按住抛物线上的小扳手进行拖动，可以改变 │
│ 抛物线的弧度，这样效果就不会显得太生硬，如 │
│ 图8-71所示。   │
│   │
│   │
│   图8-71   │
└─────────────────────────────┘

⑫ 在"效果控件"面板中，将两个关键帧框选并右击，在弹出的快捷菜单中选择"临时插

值"属性中的"贝塞尔曲线"选项，如图8-72所示。

图8-72

⑬ 将当前时间指示器移动至"鼠标png"素材的第二帧位置，选中"按钮.png"素材，在"效果控件"面板中单击"缩放"前的"切换动画"按钮🕐，然后按住Shift键并按→键一次，同时将"缩放"数值设置为23，此时画面呈现出鼠标点击的效果，如图8-73和图8-74所示。

图8-73

图8-74

⑭ 将"鼠标音效.wav"素材拖动至时间轴的A1轨道上，开头与"按钮.png"素材的第二帧对齐。

⑮ 将"小熊对话框.png"素材拖动至时间轴的V6轨道上，开头与搜索框素材对齐，右击，在弹出的快捷菜单中选择"嵌套"选项，按住Shift键并按→键一次，使用"剃刀工具"🔪对素材进行分割，重复此步骤三次，同时将后面多余的部分删除，如图8-75所示。

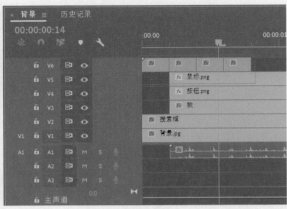

图8-75

⑯ 在"效果"面板搜索栏中输入"旋转扭曲",将对应效果拖动添加至第一段嵌套素材上,如图8-76所示。

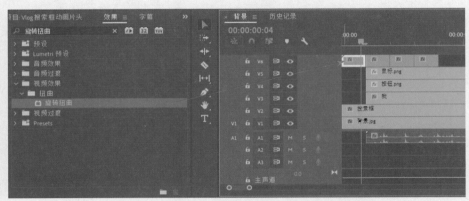

图8-76

⑰ 在"效果控件"面板中,将"旋转扭曲"属性栏中的"角度"数值设置为3.0°,如图8-77所示。然后选中第二段嵌套素材,在"效果控件"面板中将运动属性栏中的"缩放高度"设置为96,取消勾选"等比缩放"复选框,如图8-78所示。

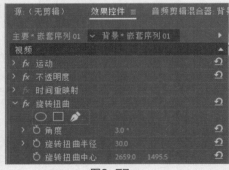

图8-77

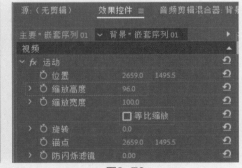

图8-78

⑱ 为第三段嵌套素材添加相同的"旋转扭曲"效果,将"角度"数值设置为-3.0°,如图8-79所示。

⑲ 选中第四段嵌套素材,在"效果控件"面板中将运动属性栏中的"缩放高度"设置为97,取消勾选"等比缩放"复选框,如图8-80所示。

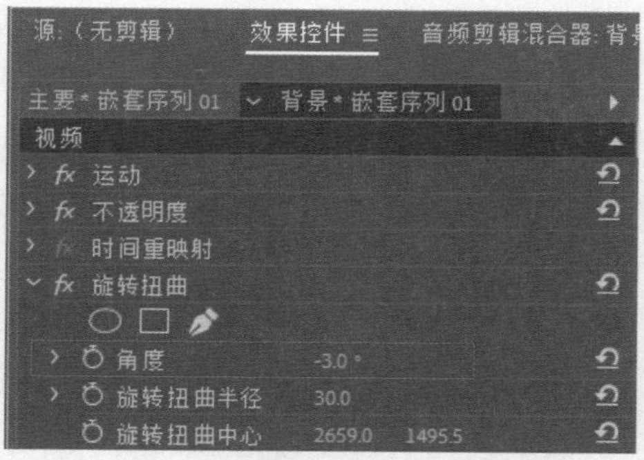

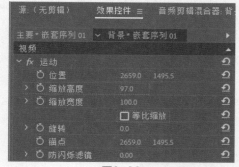

图8-79

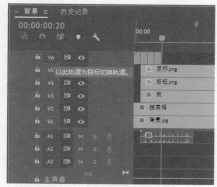

图8-81

⑳ 单击时间轴上的"V1"按钮,将其关闭,然后单击"V6"按钮,将轨道打开,如图8-81所示。

㉑ 按Ctrl+C组合键,将V6轨道中的四组嵌套素材复制,然后按Ctrl+V组合键粘贴五次。将当前时间指示器移动至最后一组嵌套素材的结尾处,将V1~V5轨道的素材全部框选,再按Ctrl+K组合键切断素材,如图8-82所示。

图8-80

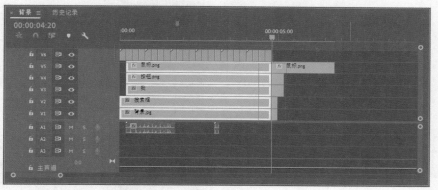

图8-82

㉒ 将V6轨道中的素材全部框选后右击,在弹出的快捷菜单中选择"嵌套"选项,然后将V1~V5轨道后面多余的素材删除,如图8-83所示。

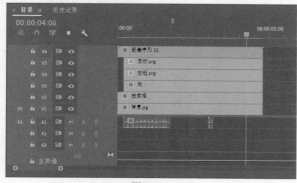

图8-83

❷ 在"节目"监视器窗口中，按空格键播放预览画面，文字将呈逐渐出现的效果，对话框呈左右摇摆效果，如图8-84和图8-85所示。

图8-84

图8-85

◎提示·◎

　　帧就是动画中最小单位的单幅影像画面，相当于电影胶片上的每一格镜头。关键帧即角色、物体运动或变化中的关键动作所处的那一帧，关键帧与关键帧之间的动画可以由软件来创建，被称为过渡帧或中间帧。举例说明，要创建一个画面逐渐放大的动画效果，就需要用到关键帧。操作方法非常简单，只需要在第一个关键帧所处位置将"缩放"设置为100，向后移动时间线打上第二个关键帧，再将"缩放"设置为200，就可以得到一个画面逐渐放大的效果。

8.5 实战——电影下滑模糊开场效果

　　利用关键帧和超级键功能制作一个电影下滑模糊开场效果，该效果适用于展示数量庞大的图片，具体操作方法如下。

扫码看教学视频

❶ 新建一个名为"下滑模糊开场"的项目，将十五张图片素材导入"项目"面板，然后按Ctrl+A组合键全选素材并拖入时间轴，此时会自动建立一个序列。全选所有素材，按住Alt键+左键向后复制两次，如图8-86所示。

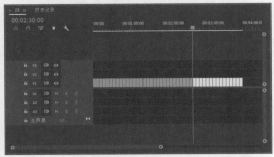

图8-86

❷ 全选时间轴上的所有素材，按Ctrl+R组合键弹出"剪辑速度/持续时间"对话框，将"持续时间"设置为4秒，勾选"波纹编辑，移动尾部剪辑"复选框，如图8-87所示。完成后再次全选所有素材，按住Alt键+左键，向后复制一层备用，如图8-88所示。

图8-87

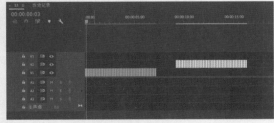

图8-88

❸ 在"效果"面板搜索框内输入"变换"，将对应效果拖动添加至第一张图片素材上，如图8-89所示。

❹ 进入"效果控件"面板的"变换"属性栏，在素材的第一帧添加一个"位置"关键帧，修改Y轴的数值直至图片消失在画面中，取消勾选"使用合成的快门角度"复选框，将"快门角度"数值设置为180，如图8-90所示。

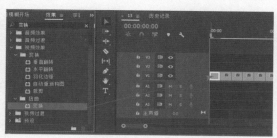

图8-89

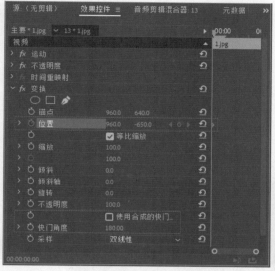

图8-90

⑤ 将时间线移动至倒数第二帧的位置，单击"重置参数"按钮🔄，框选两个关键帧，然后右击，在弹出的快捷菜单中依次选择"缓入"和"缓出"选项，如图8-91所示。

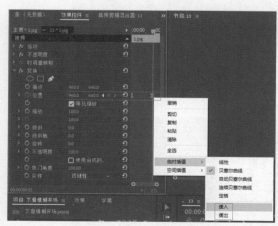

图8-91

⑥ 播放预览第一段素材，图片会伴随着模糊效果逐渐进入画面，最后完成显示，如图8-92~图8-94所示。

图8-92

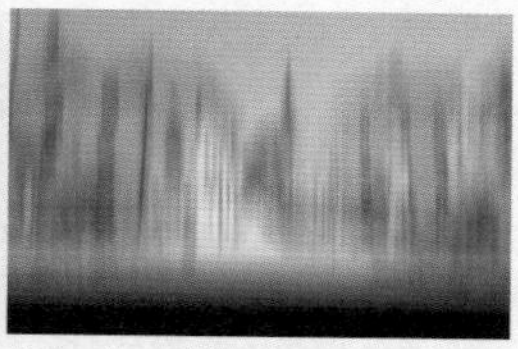

图8-93

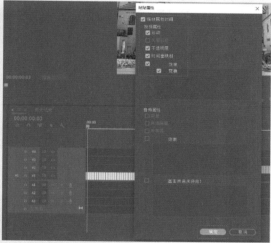

图8-94

⑦ 在时间轴上选中第一张图片后右击，在弹出的快捷菜单中选择"复制"选项，然后框选V1轨道剩余素材，右击，在弹出的快捷菜单中选择"粘贴属性"选项，勾选所有属性复选框，完成后单击"确定"按钮，如图8-95所示。

图8-95

⑧ 将具备模糊效果的V1轨道素材全部移动至V2轨道，将没有任何效果的V2轨道素材全部移动至V1轨道。将V1轨道的第一张图片与V2轨道的第二张图片开头对齐，如图8-96所示。

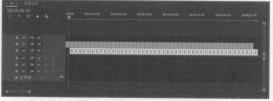

图8-96

第8章 片头片尾，迅速打造个性短视频账号

09 在"节目"监视器窗口播放预览效果，可以看到图片下滑时背景不再是黑色，而是V1轨道对应的图片，如图8-97～图8-99所示。

图8-97

图8-98

图8-99

10 执行"文件"|"新建"|"旧版标题"命令，输入一条文字，完成字体、文字大小、阴影等基本设置，将"文字"设置为除黑白以外的颜色，"背景颜色"选择暗红色，完成后单击"垂直居中对齐"按钮回和"水平居中对齐"按钮回，使文字处于画面中心位置，如图8-100所示，完成后单击右上角的"关闭"按钮 x 。

11 在"项目"面板中，将"字幕01"素材拖动添加至V3轨道的第3秒位置，然后在"效果"面板搜索框内输入"超级键"，将其拖动添加至"字幕01"素材中，如图8-101所示。

12 进入"效果控件"面板，选择"主要颜色"属性栏中的吸管工具，吸取文字上的黄色，根据实际情况适当调整"遮罩清除"中的各项参数值，直到文字的白边消失，如图8-102所示。

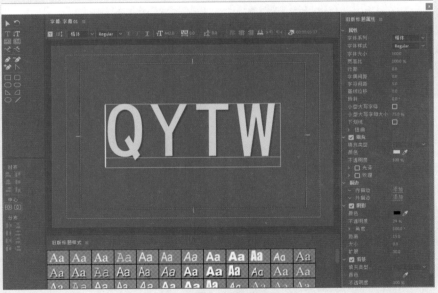
图8-100

图8-101

抖音+剪映+Premiere短视频制作从新手到高手

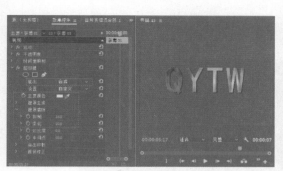

图8-102

◎提示·◎

　　超级键常用来进行抠像，以绿幕素材为例，使用"主要颜色"栏中的吸管工具吸取画面中的绿色部分，即可将该区域抠除，如图8-103所示。此时将替换绿幕部分的素材放至绿幕素材下方轨道即可，如图8-104所示。

图8-103

图8-104

⑬ 在"字幕01"素材的第一帧分别添加一个"缩放"关键帧和"不透明度"关键帧，将"缩放"数值设置为518，将"不透明度"数值设置为0%，如图8-105所示。

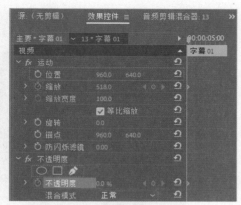

图8-105

⑭ 移动时间线至接近结尾的位置，分别单击"缩放"和"不透明度"属性栏中的"重置参数"按钮🔁，将数值复原，框选所有关键帧，右击，在弹出的快捷菜单中依次选择"缓入"和"缓出"选项，如图8-106所示。

图8-106

⑮ 在"节目"监视器窗口播放预览视频，可以看到文字呈从大到小、从隐到显的效果，如图8-107～图8-109所示。

图8-107

图8-108

图8-109

第8章　片头片尾，迅速打造个性短视频账号

⑯ 将 "字幕01" 素材移动至V4轨道上，然后在 "项目" 面板中单击 "新建项" 按钮，创建一个白色的颜色遮罩并拖动至V3轨道的第6秒位置，如图8-110所示。

图8-110

⑰ 进入 "效果控件" 面板，在颜色遮罩素材的第一帧位置添加一个 "不透明度" 关键帧，并将数值设置为0，如图8-111所示。

图8-111

⑱ 移动时间线到第7秒，将数值设置为100，框选两个关键帧，右击，在弹出的快捷菜单中依次选择 "缓入" 和 "缓出" 选项，如图8-112所示。

图8-112

⑲ 完成后的效果如图8-113～图8-115所示，可以看到白色背景图层由隐到显，逐渐填满文字的镂空部分。

图8-113 　　　　　　图8-114

图8-115

8.6 实战——制作抖音专属求关注片尾

利用手机剪辑App剪映快速便捷地制作出抖音热门求关注片尾，具体操作方法如下。

扫码看教学视频

① 打开剪映App，点击 "新建创作" 按钮，导入白色片尾素材，然后点击工具栏中的 "比例" 按钮，选择 "9∶16" 选项，如图8-116所示。

② 点击 "画中画" 按钮，再点击 "新增画中画" 按钮，将人物素材导入项目，如图8-117所示。

图8-116   图8-117

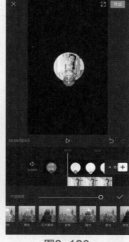

图8-120   图8-121

03 选中人物素材，点击"混合模式"按钮🔲，选择"变暗"模式，如图8-118所示。在预览窗口中将素材缩小至合适大小，如图8-119所示。

05 点击"播放"按钮▶预览视频效果，完成后点击"导出"按钮，将视频保存到手机相册中，如图8-122所示。

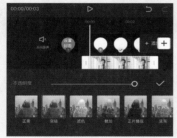

图8-118

图8-122

图8-119

8.7 实战——使用模板快速制作炫酷求关注片尾

04 返回上一级🔲，点击"新增画中画"按钮🔲，将黑色片尾素材导入项目，点击"混合模式"按钮🔲，选择"变亮"模式，如图8-120所示。在预览窗口中将素材放大至与白色片尾素材重合，如图8-121所示。

套用剪映App中自带的模板快速制作炫酷求关注片尾，具体操作方法如下。

扫码看教学视频

01 启动剪映App，点击下方的"剪同款"按钮，如图8-123所示。在搜索栏中输入"片尾"，搜索完成后点击要套用的模板，如图8-124所示。

图8-123　　　　　　图8-124

02 点击右下方的"剪同款"按钮后，导入一张图片素材，如图8-125所示。点击"播放"按钮▶预览效果，然后点击"导出"按钮，将视频导出到手机相册中，如图8-126所示。

图8-125　　　　　　图8-126

8.8 实战——制作人员名单滚动片尾

在电影中，经常能看到结尾出现的制作人员名单滚动画面，本节为大家介绍如何制作电影片尾滚动字幕效果，具体操作方法如下。

扫码看教学视频

01 启动Premiere Pro软件，新建一个名称为"字幕滚动片尾"的项目，将"篮球.mp4"素材导入"项目"面板并拖入时间轴，此时会自动建立一个序列。

02 在"效果控件"面板中，将"缩放"属性值设置为40，"位置"属性的X轴数值设置为500，在"节目"监视器窗口中，可以看到视频处于画面左侧，如图8-127所示。

图8-127

03 执行"文件"|"新建"|"旧版标题"命令，单击工具栏中的"文字工具"按钮，在预览窗口中输入文字"演职表"，将"X位置"设置为1360，"Y位置"设置为377，选择一个合适的字体，然后将"字体大小"设置为90，"字符间距"设置为40，如图8-128所示。

图8-128

04 在预览框中，输入演职人员名单，然后将"X位置"设置为1404，"Y位置"设置为782，"字体大小"设置为60，"行距"设置为30，最后单击"居中对齐"按钮，如图8-129所示。

05 单击工具栏中的"滚动/游动选项"按钮，在弹出的对话框中，将"字幕类型"属性中的

抖音+剪映+Premiere短视频制作从新手到高手

"滚动"选中，然后将"定时（帧）"属性中的"开始于屏幕外"和"结束于屏幕外"复选框勾选，完成后单击"确定"按钮，如图8-130所示。

图8-129

图8-130

⑥ 单击"关闭"按钮，将旧版标题框关闭，在"项目"面板，将"字幕01"素材拖入时间轴的V2轨道，如图8-131所示。

图8-131

⑦ 在"节目"监视器窗口中，按空格键播放预览画面，可以看到字幕呈由下往上滚动出现的效果，如图8-132～图8-134所示。

图8-132　　　　图8-133

图8-134

◎提示·◎

如果需要控制字幕滚动的速度可以通过修改字幕条的持续时长来达到，持续时间越长，滚动速度越慢。

8.9 实战——制作闭眼效果片尾

本节操作步骤较为复杂，主要是在关键帧的辅助下利用快速模糊效果和网格效果来模拟人眼从睁开到闭上的过程，下面介绍具体操作方法。

扫码看教学视频

① 启动Premiere Pro软件，新建一个名称为"闭眼片尾"的项目，将"学生.mp4"素材导入"项目"面板并拖入时间轴，此时会自动建立一个序列。

② 在"效果"面板的搜索框内输入"波形变形"，将对应效果拖动添加至时间轴V1轨道的素材上。进入"效果控件"面板，将"波形类型"设置为正弦，"波形高度"设置为8，"波形宽度"设置为101，"方向"设置为154°，"波形速度"设置为1，"固定"设置为"所有边缘"，"相位"设置为40°，"消除锯齿"设置为高，如图8-135所示。完成操作后，画面呈波浪扭曲效果，如图8-136所示。

图8-135

图8-136

③ 在"项目"面板中单击"新建项"按钮，创建一个黑场视频，并将其拖入时间轴的V2轨道上，持续时长与V1轨道保持一致，然后在"效果"面板的搜索框内输入"网格"，将对应效果拖动添加至V2轨道素材上，如图8-137所示，添加后的画面效果如图8-138所示。

图8-137

图8-138

④ 进入"效果控件"面板的"网格"属性栏，将"锚点"的X轴数值设置为3000，"大小依据"设置为"宽度滑块"，"宽度"设置为4000，此时画面只剩下中间一根网格线，如图8-139所示。将"边框"设置为550，勾选"反转网格"复选框，"颜色"设置为黑色，如图8-140所示。

⑤ 在"效果"面板的搜索框内输入"球面化"，将对应效果拖动添加至黑场视频素材上。进入"效果控件"面板，将"缩放"数值设置为

50，让黑场视频整个显示在画面内，然后将"球面化"属性栏中的"半径"数值设置为1120，此时黑场视频变成类似眼睛的形状，如图8-141所示。完成后将"缩放"的数值还原至100，此时对应的画面效果如图8-142所示。

图8-139

图8-140

图8-141

图8-142

06 在"效果"面板的搜索框内输入"快速模糊",将对应效果拖动添加至V3轨道素材上,进入"效果控件"面板,将"位置"属性的X轴数值设置为821,Y轴数值设置为253,将"模糊度"数值设置为40,如图8-143所示,此时画面呈现出刚睁开眼时的朦胧感。

图8-143

⊚提示·⊙

添加"快速模糊"效果后,如果黑场视频素材在画面中的位置没有发生偏移,则可以省略位置移动的步骤,只设置"模糊度"数值即可。

07 展开"网格"属性栏,在素材的起始处添加一个"边框"关键帧并将数值设置为0。按住Alt键并连按→键五次,将数值设置为330。框选两个关键帧后右击,在弹出的快捷菜单中依次选择"缓入"和"缓出"选项。单击"展开"按钮▶,将"边框"属性的速率曲线栏展开,向前拉动速率曲线拉杆直至不能拉动为止,如图8-144所示。在当前位置的基础上,按住Alt键并连按→键两次,将"边框"数值设置为0,如图8-145所示。

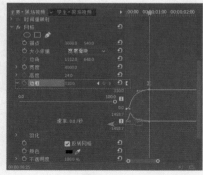
图8-144

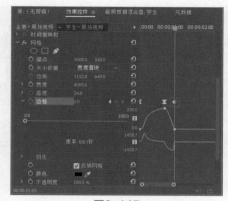
图8-145

08 完成操作后的效果如图8-146～图8-148所示,可以看到画面由全黑到渐渐展开最后又变为全黑,模拟了人眨眼时的效果。

图8-146

图8-147

图8-148

09 在当前位置的基础上,按住Alt键并连按→键三次,将"边框"数值设置为555,右击关键帧,在弹出的快捷菜单中依次选择"缓入"和"缓出"选项,向前拉动速率曲线拉杆直至不能拉动为止,此时画面呈"眼睛睁开"的效果,如图8-149所示。按住Alt键并连按→键六次,将"边框"数值设置为290,此时画面呈"微微眨眼"的效果,如图8-150所示。

图8-149

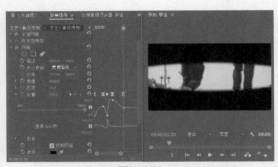

图8-150

⑩ 在当前位置的基础上，按住Alt键并连按→键五次，将"边框"数值设置为650，此时画面呈"睁眼"效果，如图8-151所示。按住Alt键并连按→键五次，将"边框"数值设置为0，此时画面呈"闭眼"效果，如图8-152所示。

图8-151

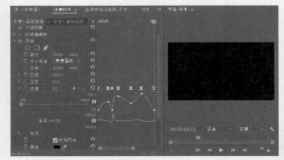

图8-152

◎提示·◎

步骤中给出的边框数值、眨眼的幅度和速度均为参照数值，并非固定值，在实际操作中读者可以根据需要的效果任意改变。

⑪ 在"效果"面板中，将"快速模糊"效果拖动添加至V1轨道的"学生.mp4"素材上，进入"效果控件"面板，在素材的起始位置添加一个"模糊度"关键帧，同时将数值设置为20。

⑫ 向后移动时间线，在眼睛睁开的位置修改"模糊度"数值为0。右击第二个关键帧，在弹出的快捷菜单中选择"定格"选项，如图8-153所示。此时进行播放预览，可以看到素材伴随着"睁眼"效果，画面从模糊变清晰，如图8-154和图8-155所示。

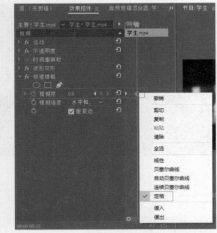

图8-153

图8-154　　　　　图8-155

⑬ 在当前位置基础上向后移动时间线，在眼睛刚睁开的位置添加一个"模糊度"关键帧，将数值设置为20，右击此关键帧，在弹出的快捷菜单中选择"线性"选项，此时画面又转为模糊状态，如图8-156所示。

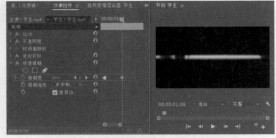

图8-156

⑭ 向后移动时间线，在"眼睛完全睁开"的位置将"模糊度"数值设置为0，右击此关键帧，在弹出的快捷菜单中选择"定格"选项，此时画面变为完全清晰状态，如图8-157所示。

抖音+剪映+Premiere短视频制作从新手到高手

图8-157

⑮ 在当前位置的基础上，向后移动时间线，在开始眨眼的位置将"模糊度"数值设置为7，右击此关键帧，在弹出的快捷菜单中选择"线性"选项，营造出眨眼时眼前模糊的效果，如图8-158所示。

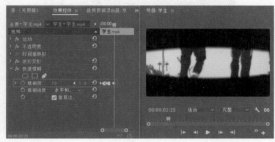

图8-158

⑯ 向后移动时间线，在眼睛完全睁开的位置将"模糊度"设置为0，右击此关键帧，在弹出的快捷菜单中选择"定格"选项，此时画面变为完全清晰状态，如图8-159所示。

图8-159

⑰ 完成全部操作后的画面效果如图8-160~图8-163所示，可以看到画面从模糊到清晰，先睁眼然后眨眼，直到最后闭眼黑幕。

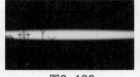

图8-160

图8-161

图8-162

图8-163

8.10 实战——片尾信息条展示效果

本节主要利用Premiere Pro中的"旧版标题"功能创建图形，再结合关键帧和变换操作，制作一个信息条滑动展示的效果，具体操作方法如下。

扫码看教学视频

⓵ 启动Premiere Pro 软件，新建一个名称为"片尾信息条"的项目并创建一个序列，将"图标.png"素材导入"项目"面板。执行"文件"|"新建"|"旧版标题"命令，在弹出的"新建字幕"对话框中，设置名称为"框1"，然后单击"确定"按钮，进入旧版标题属性框，单击"矩形工具"按钮■，按住Shift键+左键，在画面中创建一个正方形，选择一个填充颜色，然后单击"垂直居中对齐"按钮回和"水平居中对齐"按钮回，使图形处于画面中心位置，如图8-164所示，完成后单击右上角的"关闭"按钮■。

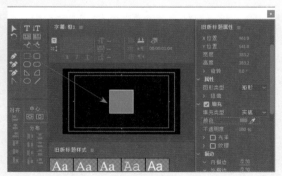

图8-164

⓶ 在"项目"面板中，将"框1"和"图标.png"素材分别拖入时间轴的V1轨道和V2轨道中，如图8-165所示。

第8章 片头片尾，迅速打造个性短视频账号

113

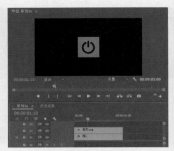

图8-165

03 在"效果"面板的搜索框内输入"色彩"，将对应效果拖动添加至V2轨道的素材上。进入"效果控件"面板，把"将黑色映射到某种颜色"属性栏中的颜色设置为白色，此时画面中的图标颜色由黑色转为白色，如图8-166所示。

图8-166

04 选中V1和V2轨道中的素材，右击，在弹出的快捷菜单中选择"嵌套"选项。在"项目"面板中选中"框1"素材，按Ctrl+C组合键进行复制，然后按Ctrl+V组合键粘贴一层。右击，将复制的素材重命名为"框2"，再将其拖动添加至时间轴的V1轨道中，与"嵌套序列01"进行无缝衔接，如图8-167所示。

图8-167

05 在时间轴上双击"框2"素材，进入"旧版标题"面板，单击"选择工具"按钮，将图形分别向左右两端拉长，并将"填充颜色"设置为白色，如图8-168所示。完成后单击"关闭"按钮，回到主界面。将"嵌套序列01"素材移动至V3轨道，将"框2"素材移动至V1轨道起始处，

如图8-169所示，此时画面中的图标已经显示在白色背景层的上方。

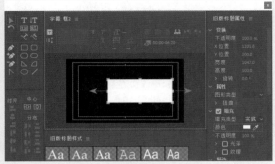

图8-168

图8-169

06 选中"嵌套序列01"素材，在"效果控件"面板中修改位置的X轴数值，使"嵌套序列01"素材处于"框2"素材的左边，按T键在"节目"监视器窗口的"框2"素材上输入文字，在"基本图形"面板中设置文字的字体、大小、颜色等基本参数，如图8-170所示。

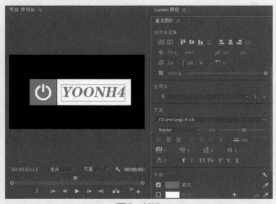

图8-170

07 将文本素材放在V2轨道中，然后选中V1和V2轨道中的两段素材，右击，在弹出的快捷菜单中选择"嵌套"选项，如图8-171所示。

图8-171

⑧ 将"嵌套序列01"素材重命名为"图标"，将"嵌套序列02"素材重命名为"文字"。选中"图标"素材后，进入"效果控件"面板，单击"不透明度"属性栏中的"创建4点多边形蒙版"按钮■，在"图标"素材和"文字"素材的下方绘制一个矩形蒙版，然后将"蒙版羽化"数值设置为0，勾选"已反转"复选框，如图8-172所示。

图8-172

⑨ 在"效果"面板的搜索框内输入"变换"，将对应效果拖动添加至V2轨道的"图标"素材上，进入"效果控件"面板，展开"变换"属性栏，在素材的起始位置添加一个"位置"关键帧，将"Y轴"的数值设置为1400，取消勾选"使用合成的快门角度"复选框，将"快门角度"数值设置为150，此时图标消失在画面中，如图8-173所示。

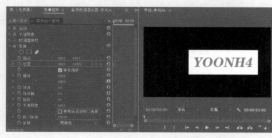

图8-173

⑩ 按住Shift键并连按→键四次，单击"重置参数"按钮☑，将Y轴数值复原，框选两个关键帧，右击，在弹出的快捷菜单中依次选择"缓入"和"缓出"选项，展开位置的速率曲线，将第二个关键帧的拉杆向前拉动，如图8-174所示，此时图标重新出现在画面中。

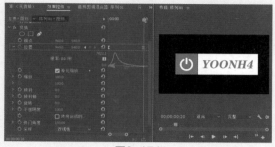

图8-174

⑪ 此时预览效果，可以看到图标从矩形蒙版下慢慢向上滑动并伴随模糊效果出现，如图8-175～图8-177所示。

图8-175　　　　　图8-176

图8-177

◎提示•◎

这里必须在变换效果中制作图标移动动画的原因在于，若在"运动"属性栏中修改位置数值，矩形蒙版会跟随图标一起移动，如图8-178所示，从而无法制作图标从蒙版中向上滑动出现的效果。

图8-178

⑫ 选中"文字"素材，进入"效果控件"面板，单击"不透明度"属性栏中的"创建4点多

边形蒙版"按钮■，在画面中"文字"素材的左边绘制一个矩形蒙版，然后将"蒙版羽化"数值设置为0，勾选"已反转"复选框，如图8-179所示。

图8-179

⑬ 为V1轨道的"文字"素材添加一个"变换"效果，在"效果控件"面板中移动时间线，在"图标"素材即将完整显示的位置添加一个"位置"关键帧，将"X轴"的数值设置为-1170，取消勾选"使用合成的快门角度"复选框，将"快门角度"数值设置为150，此时图标消失在画面中，如图8-180所示。

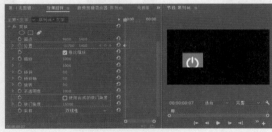

图8-180

⑭ 按住Shif键并连按→键四次，单击"重置参数"按钮◙，将X轴数值复原，框选两个关键帧，右击，在弹出的快捷菜单中依次选择"缓入"和"缓出"选项，展开位置的速率曲线，将第二个关键帧的拉杆向前拉动，此时图标重新出现在画面中，如图8-181所示。

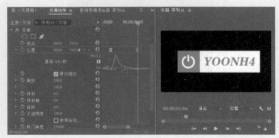

图8-181

⑮ 在"节目"监视器窗口中预览效果，可以看到文字从矩形蒙版左边慢慢向右边滑动并伴随着模糊效果出现，如图8-182~图8-184所示。

图8-182　　　　图8-183

图8-184

⑯ 双击V1轨道中的"文字"素材，进入嵌套序列，按住Alt键+左键，将V2轨道的文字向后拖动复制一层，如图8-185所示。

图8-185

⑰ 移动时间线至00:00:01:20位置，此时关键帧动画已经显示完毕，按C键切换"剃刀工具"，切割文字素材，将后一部分内容删除，再将复制的文字素材向前拖动与前一段素材无缝衔接，并将V1轨道的"框2"素材延长保持一致，如图8-186所示。

图8-186

⑱ 选中复制的文字素材，在"节目"监视器窗口中双击文字，将内容修改为"谢谢关注"，进入"基本图形"面板，将"填充颜色"设置为橙色，如图8-187所示。

图8-187

⑲ 在"效果"面板的搜索框内输入"基本
3D",将该效果分别拖动添加至V2轨道的两个
文字素材上,如图8-188所示。

图8-188

⑳ 选中V2轨道的第一个文字素材,进入"效
果控件"面板的"基本3D"属性栏中,在
00:00:01:20处添加一个"倾斜"关键帧,数值
设置为0,如图8-189所示。

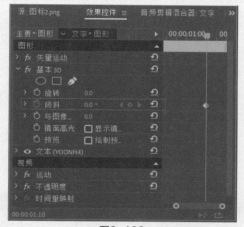

图8-189

㉑ 按住Shift键并按一次→键,将"倾斜"数值
设置为40,如图8-190所示,然后在最后一帧,
将"倾斜"数值设置为-80,框选所有关键帧,
右击,在弹出的快捷菜单中依次选择"缓入"和
"缓出"选项,如图8-191所示。

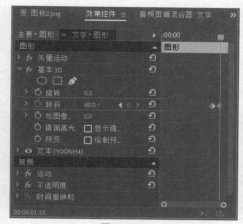

图8-190

图8-191

㉒ 在"节目"监视器窗口中预览效果,文字由
原始状态微微向前倾斜,最后向后大幅度倾斜,
如图8-192~图8-194所示。

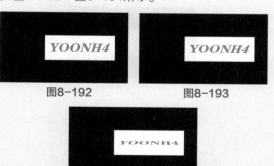

图8-192　　　　　　　图8-193

图8-194

㉓ 选中V2轨道中的第二个文字素材,进入"效
果控件"面板的"基本 3D"属性栏中,在起始
位置添加一个"倾斜"关键帧,数值设置为70,
如图8-195所示。按住Shift键并按→键一次,将
"倾斜"数值设置为40,如图8-196所示;按

住Shift键并按→键一次，将"倾斜"数值设置为20，如图8-197所示；按住Shift键并按→键一次，将"倾斜"数值设置为0，框选所有关键帧，右击，在弹出的快捷菜单中依次选择"缓入"和"缓出"选项，如图8-198所示。

| 图8-195 | 图8-196 |

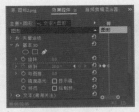 

| 图8-197 | 图8-198 |

㉔ 在"节目"监视器窗口中预览效果，可以看到文字由大幅度的倾斜状态，慢慢变为向前倾斜，最后恢复为原始正常状态，如图8-199～图8-201所示。

| 图8-199 | 图8-200 |

图8-201

㉕ 此时预览完整效果，可以看到在第一个文字素材和第二个文字素材的连接处，"YOONH4"文字和"谢谢关注"文字的倾斜角度非常相似，如图8-202和图8-203所示，因此在播放时就形成了一种两段文字无缝转场的效果。

| 图8-202 | 图8-203 |

㉖ 返回"序列01"时间轴面板，双击V2轨道的"图标"嵌套序列，按住Alt键+左键，将V2轨道的图标素材向后拖动复制一层，移动时间线至00:00:01:20处，按C键切换"剃刀工具"，切割图标素材，将V1轨道的"框1"素材延长保持一致，如图8-204所示，然后将后面部分内容和复制的图标素材删除，将"项目"面板中的"图标2.png"素材拖动至V2轨道中原"图标.png"素材的位置上，如图8-205所示。

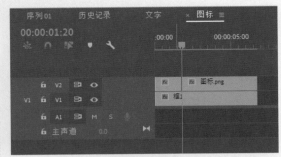

图8-204

图8-205

㉗ 选中V1轨道中的"框1"素材，在00:00:01:20处使用"剃刀工具"进行切割，把后面的部分删除。在"项目"面板中选中"框1"素材，按Ctrl+C组合键复制，然后按Ctrl+V组合键粘贴一层，将复制的素材重命名为"框3"，再将其拖动添加至时间轴的V1轨道中原"框1"素材后空缺的位置上，如图8-206所示。

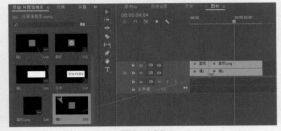

图8-206

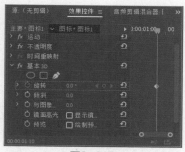

此处将"框1"素材复制一次再拖入时间
轴,是因为即使将"框1"素材分割成两段,在
修改后半段的填充颜色时也会连同前半段的颜
色一起修改,这样就无法达到需要的颜色转换
效果。

㉘ 双击V1轨道中的"框3"素材,进入"旧版标
题"面板,将"填充颜色"设置为橙色,在"效
果"面板的搜索框内输入"色彩",将对应效果
拖动添加至V1轨道的素材上,进入"效果控件"
面板,把"将黑色映射到某种颜色"属性栏中的
"颜色"设置为白色,此时画面中的图标颜色由
黑色转为白色,如图8-207所示。

图8-207

㉙ 选中V1和V2轨道前半部分的两段素材,右
击,在弹出的快捷菜单中选择"嵌套"选项,将
嵌套序列名称设置为"图标1",然后选中V1和
V2轨道后半部分的两段素材,右击,在弹出的快
捷菜单中选择"嵌套"选项,并将嵌套序列名称
设置为"图标2",如图8-208所示。

图8-208

㉚ 在"效果"面板的搜索框内输入"基本
3D",将对应效果分别拖动添加至"图标1"和
"图标2"嵌套素材上,选中"图标1",进入
"效果控件"面板的"基本 3D"属性栏中,在

起始位置添加一个"旋转"关键帧,数值设置
为0,如图8-209所示。按住Shift键并按→键一
次,将"旋转"数值设置为40,如图8-210所
示;按住Shift键并按→键一次,将"旋转"数值
设置为80,框选所有关键帧,右击,在弹出的快
捷菜单中依次选择"缓入"和"缓出"选项,如
图8-211所示。

图8-209

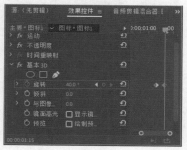

图8-210

图8-211

㉛ 在"节目"监视器窗口预览效果,可以看到
文字先由原始状态向左边旋转,最后变为大幅度
旋转状态,如图8-212~图8-214所示。

图8-212

图8-213

图8-214

㉜ 选中时间轴中的"图标2"素材,进入"效果控件"面板的"基本 3D"属性栏中,在起始位置添加一个"旋转"关键帧,数值设置为70,如图8-215所示。

图8-215

㉝ 按住Shift键并按→键一次,将"旋转"数值设置为40,如图8-216所示;按住Shift键并按→键一次,将"旋转"数值设置为20,如图8-217所示;按住Shift键并按一次→键,将"旋转"数值设置为0,框选所有关键帧,右击,在弹出的快捷菜单中依次选择"缓入"和"缓出"选项,如图8-218所示。

图8-216

图8-217

图8-218

㉞ 在"节目"监视器窗口中预览效果,可以看到文字由大幅度的旋转,慢慢向右边旋转,最后恢复为原始状态,如图8-219~图8-221所示。

图8-219　　　　　图8-220

图8-221

㉟ 此时播放完整效果可以看到,在第一个图标和第二个图标的连接处,两个素材的旋转角度非常相似,如图8-222和图8-223所示,所以在播放时就形成了一种两个图标无缝转场的效果。

图8-222　　　　　图8-223

㊱ 完成操作后,执行"文件"|"导出"|"媒体"命令,或按Ctrl+M组合键,弹出"导出设置"对话框,将"格式"设置为QuickTime,"预设"设置为具有Alpha通道、以最大位深度渲染的GoPro CineForm RGB 12位,设置一个输出名称和位置,完成后单击"导出"按钮,如图8-224所示。导出后将得到一个带有透明通道的MOV格式的视频。

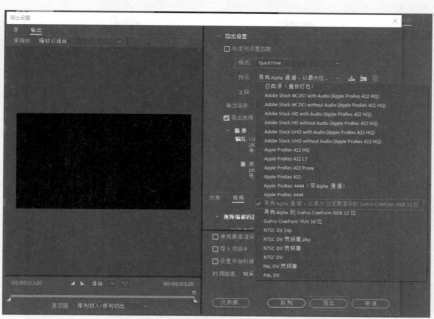

图8-224

㊲ 导出后，即可将信息条作为片尾使用，如图8-225所示，在任意素材上添加该素材，背景的黑色已经消失，变成一个透明背景素材，在"效果控件"面板中，可以任意修改素材的基本参数，适合当作水印来使用。

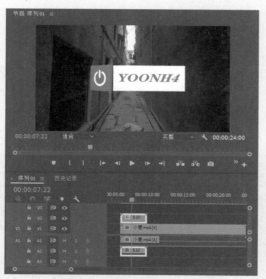

图8-225

8.11 本章小结

简单来说，片头起到了为账号宣传的作用，即使观众没有将作品看完，但是片头短短的几秒就足以让观众对此账号名字留下或加深印象。片尾则是对作品的总结，对参与人员的致谢，在片尾添加上账号的名字还能二次加深观众的印象。

第9章
创意转场，提升视频档次的关键元素

转场即段落与段落、场景与场景之间的过渡或转换，分为技巧转场和无技巧转场。无技巧转场指的是通过寻找合理的因素（例如相似元素）相接，用自然过渡的镜头来连接前后两段内容，强调的是视觉的连续性。本章要讲的是技巧转场，主要是利用特技技巧来完成两个画面的转换，强调的是隔断性。

9.1 实战——制作收缩拉镜效果转场

下面利用关键帧、缩放和快门角度功能来制作一个简单却能提升影片品质的拉镜转场效果，具体操作方法如下。

扫码看教学视频

01 启动Premiere Pro软件，新建一个名称为"收缩拉镜效果"的项目，将"巴黎.mp4"和"意大利.mp4"素材导入"项目"面板，并依次将两段素材拖入时间轴的V1轨道中，此时将自动建立一个序列。

02 单击"新建项"按钮，建立一个调整图层，将其拖入V2轨道，然后移动当前时间指示器至V1轨道"意大利.mp4"和"巴黎.mp4"素材连接处，单击"剃刀工具"按钮，将V2轨道中的调整图层切割开，按住Shift键并连按→键四次，用剃刀工具切割一下，回到两段素材的连接处，按住Shift键并连按←键四次，再用剃刀工具切割一下，如图9-1所示，将切割出来的前后两段素材删除，如图9-2所示。

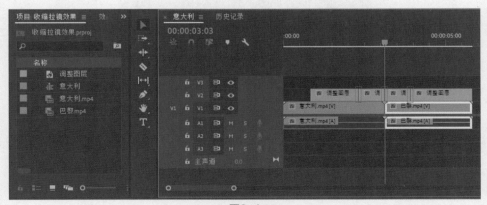

图9-1

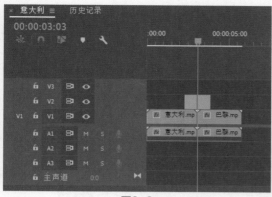

图9-2

⓷ 在"效果"面板搜索框内输入"变换",将
其拖动添加至两个调整图层上。

⓸ 将当前时间指示器移动至第一个调整图层起始
处,在"效果控件"面板展开"变换"属性栏,
然后单击"缩放"前的"切换动画"按钮◎,将
指示器移动至素材偏后一点的位置,再单击"切
换动画"按钮◎并将数值设置为200,框选两个
关键帧,右击,在弹出的快捷菜单中依次选择
"缓入"和"缓出"选项。单击"缩放"前的
"展开"按钮❯,此时速率曲线会显示出来,如
图9-3所示。

⓹ 将速率曲线上的两个拉杆向右移动至极限,
最后把第二个关键帧移动至素材最后一帧的位
置,如图9-4所示。

⓺ 取消勾选 "使用合成的快门角度"复选框,
然后将"快门角度"设置为180°,此时在"节
目"监视器窗口可以看到画面出现模糊效果,如
图9-5所示。

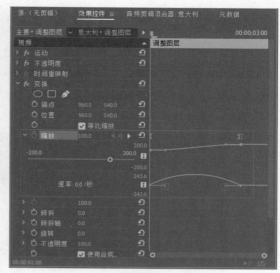

图9-3

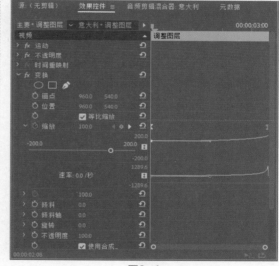

图9-4

图9-5

07 将当前时间指示器移动至第二个调整图层起始处，参照步骤4的方法，给第二个调整图层添加两个关键帧，并将第一个关键帧数值设置为200，第二个关键帧数值设置为100，框选两个关键帧，右击，在弹出的快捷菜单中依次选择"缓入"和"缓出"选项。展开"缩放"属性栏，将速率曲线上的两个拉杆向左移动至极限，最后把第二个关键帧移动至素材最后一帧。取消勾选"使用合成的快门角度"复选框，并将"快门角度"设置为360°，此时在"节目"监视器窗口可以看到画面出现模糊效果，如图9-6所示。

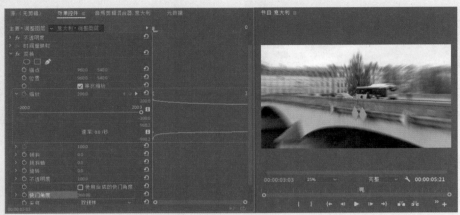

图9-6

08 在"节目"监视器窗口中播放预览效果，第一段素材从小变大，第二段素材从大变小，两段视频连接处形成了非常自然流畅的转场，如图9-7和图9-8所示。

图9-7

图9-8

◎提示•○

　　"快门角度"是描述影片中运动模糊的通用术语，当"快门角度"为180°时，是典型的标准电影风格。"快门角度"越大，连接的动作越模糊；而"快门角度"越小，则会导致动作连接不流畅、不连贯。

9.2 实战——制作电影分离转场

　　本节利用关键帧和蒙版功能来制作一个上下分离的转场效果，同时将结合方向模糊效果，使转场更为流畅顺滑，具体操作方法如下。

扫码看教学视频

01 启动Premiere Pro软件，新建一个名称为"分离转场"的项目，将"飞机.mp4"和"建筑.mp4"素材导入面板中，并将"飞机.mp4"拖入时间轴的V1轨道中，此时会自动建立一个序列，然后将"建筑.mp4"素材拖入V2轨道，放在00:00:03:23位置，如图9-9所示。

02 选中V2轨道素材，在"效果控件"面板中展开"不透明度"属性栏，单击"自由绘制贝塞尔曲线"按钮 ，然后在"节目"监视器窗口中将建筑抠出来，此时"建筑.mp4"素材的天空会自动消失并透出"飞机.mp4"素材，如图9-10所示。

03 按住Alt键，将V2轨道的"建筑.mp4"素材向V3轨道拖动复制一层，然后选中V2轨道的"建筑.mp4"素材，在"效果控件"面板中展开"不透明度"属性栏，勾选"蒙版"中的"已反转"复选框，此时可以看到"建筑.mp4"素材消失的背景已经复原，如图9-11所示。

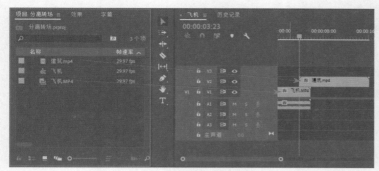

图9-9

图9-10

图9-11

④ 选中V3轨道素材，将当前时间指示器移动至素材起始处，然后在"效果控件"面板单击"位置"属性前的"切换动画"按钮，将"Y轴"的数值设置为-550，如图9-12所示。在改变Y轴数值时，可在"节目"监视器窗口中看到天空背景往上被移出画面，如图9-13所示。

图9-12

图9-13

⑤ 选中V2轨道素材，在"效果控件"面板中单击"位置"属性前的"切换动画"按钮，将"Y轴"的数值设置为1670，如图9-14所示。在改变Y轴数值时，可在"节目"监视器窗口看到建筑物体往下被移出画面，如图9-15所示。

图9-14

图9-15

⑥ 按住Shift键并连按→键两次，依次选中V2轨道素材和V3轨道素材，单击"位置"属性栏的"重置参数"按钮，在"节目"监视器窗口播放预览效果，天空背景和建筑物体从中间分别向上下打开，如图9-16所示。

图9-16

07 在"效果"面板搜索框中输入"方向模糊",将该效果分别拖动添加至V2和V3轨道的素材上,如图9-17所示。

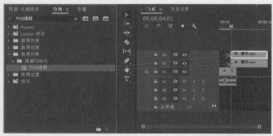

图9-17

08 选中V3轨道素材,连按→键五次,在"效果控件"面板中展开"方向模糊"属性栏,单击"模糊长度"前的"切换动画"按钮🕙,将数值设置为20,然后单击"位置"栏的"转到下一关键帧"按钮▶,将"模糊长度"的数值设置为0,框选两个关键帧,右击,在弹出的快捷菜单中依次选择"缓入"和"缓出"选项,如图9-18所示。完成后选中V2轨道素材,重复此步骤。

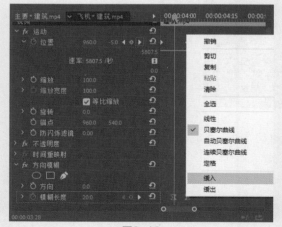

图9-18

09 在"节目"监视器窗口播放预览效果,V2

和V3轨道素材移动时带有模糊效果,如图9-19所示。

图9-19

9.3 实战——制作风车旋转转场

　　本节主要利用"颜色替换"和"超级键"功能将"手撕动作"单独抠出,再利用关键帧功能制作出街景被撕开的效果,具体操作方法如下。

扫码看教学视频

01 启动Premiere Pro软件,新建一个名称为"风车旋转转场"的项目,将"沙漠.mp4"和"公路.mp4"素材导入"项目"面板中,并将"沙漠.mp4"素材拖入时间轴的V1轨道中,将"公路.mp4"素材拖入V2轨道的00:00:03:01位置,在"效果"面板搜索框内输入"裁剪",将该效果拖动添加至V2轨道素材上,如图9-20所示。

图9-20

02 在"效果控件"面板中,单击"不透明度"

抖音+剪映+Premiere短视频制作从新手到高手

属性栏中的"自由绘制贝塞尔曲线"按钮 ，然后在"节目"监视器窗口中将"公路.mp4"素材中的道路单独抠出，如图9-21所示。

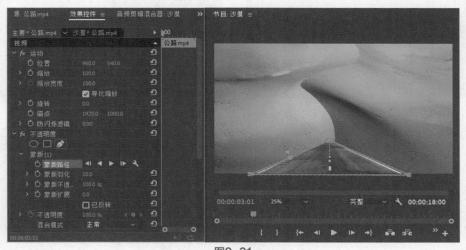

图9-21

03 展开"裁剪"属性栏，在"公路.mp4"素材的第一帧位置添加一个顶部关键帧，并将数值设置为100，如图9-22所示，再移动时间线至第6秒，将数值设置为0，框选两个关键帧，右击，在弹出的快捷菜单中依次选择"缓入"和"缓出"选项，将关键帧转化为缓入和缓出关键帧，如图9-23所示。

图9-22

图9-23

04 完成后的效果如图9-24和图9-25所示，可以看到公路呈逐渐展开效果。

05 按住Alt键+左键将V2轨道素材向V3和V4轨道分别复制一层，并将这两段的开头对齐V2轨道6秒处公路显示完毕的位置，在"效果控件"面板中分别把两段素材的"不透明度蒙版"和"裁剪"效果都删除，然后将V4轨道暂时关闭，如图9-26所示。

图9-24

图9-25

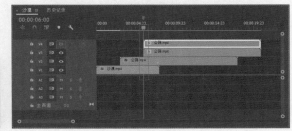

图9-26

06 选中V3轨道素材，进入"效果控件"面板，单击"不透明度"属性栏中的"自由绘制贝塞尔曲线"按钮 ，在"节目"监视器窗口为图片公路之外的右半部分绘制一个蒙版，如图9-27所示。

图9-27

07 在"效果"面板搜索框内输入"风车"，将其拖动添加至V3轨道素材的起始处，然后双击素材上的风车效果，进入"效果控件"面板，单击"自定义"按钮，将"楔形数量"设置为1，完成后单击"确定"按钮，如图9-28所示。播放预览效果，可以看到画面呈扇形展开效果，如图9-29所示。

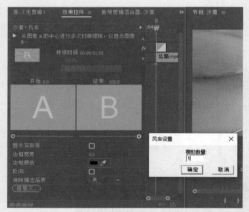

图9-28

图9-29

08 打开V4轨道并选中素材，进入"效果控件"面板，单击"不透明度"属性栏中的"自由绘制贝塞尔曲线"按钮，为图片公路之外的左半部分绘制一个蒙版，如图9-30所示，然后给此素材也添加一个风车效果，将"楔形数量"设置为1并勾选"反向"复选框，如图9-31所示。

图9-30

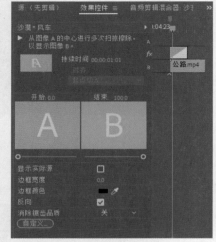

图9-31

09 完成后的最终效果如图9-32～图9-34所示，可以看到画面呈扇形打开效果。

图9-32

图9-33

图9-34

9.4 实战——人物瞳孔画面转场

本节主要运用蒙版、缩放和关键帧等功能，结合制作短视频和电影中非常流行且实用的瞳孔转场效果，具体操作方法如下。

扫码看教学视频

01 启动Premiere Pro软件，新建一个名称为"瞳孔转场"的项目，将"草地.mp4"和"瞳孔.mp4"素材导入"项目"面板中，并依次将两段素材拖入时间轴的V1轨道中，此时会自动建立一个序列。

02 将当前时间指示器移动至"瞳孔.mp4"第一帧，单击"节目"监视器窗口的"导出帧"按钮🖾，在弹出的对话框中勾选"导入到项目中"复选框，并将名称改为"导出帧"，然后单击"确定"按钮，如图9-35所示。

图9-35

03 将创建的"导出帧"素材拖入时间轴的V2轨道上，将"持续时间"设置为00:00:02:00，并将其结尾与"草地.mp4"素材对齐，如图9-36所示。

图9-36

04 将当前时间指示器移动至"导出帧"素材的第一帧，在"效果控件"面板中单击"位置"和"缩放"属性前的"切换动画"按钮🕐，然后将"位置"的X轴数值设置为789，Y轴的数值设置为71，"缩放"设置为647，此时在"节目"监视器窗口可以看到瞳孔铺满整个画面，如图9-37所示。

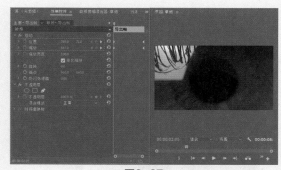

图9-37

05 将当前时间指示器移动至"导出帧"的最后一帧，依次单击"重置参数"按钮🔄，此时在"节目"监视器窗口可以看到瞳孔素材恢复原始大小，如图9-38所示。

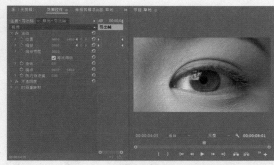

图9-38

06 将当前时间指示器移动至"导出帧"素材的第一帧，在"效果控件"面板单击"自由绘制贝塞尔曲线"按钮📝，在"节目"监视器窗口将瞳孔的黑色部分抠出来，然后将"蒙版羽化"数值设置为25，如图9-39所示。

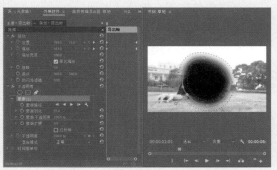

图9-39

07 在"导出帧"素材的第一帧处单击"蒙版扩展"前的"切换动画"按钮🕐，将"蒙版扩展"属性的数值设置为-65，然后按住Shift键并连按→键五次，单击"重置参数"按钮🔄，框选两个关键帧，右击，在弹出的快捷菜单中依次选择"缓入"和"缓出"选项，如图9-40所示。此时画面中的瞳孔呈现从无到有的效果。

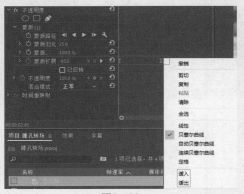

图9-40

⑧ 移动当前时间指示器至整个瞳孔全部露出的位置，单击"自由绘制贝塞尔曲线"按钮，将瞳孔抠出来，然后勾选"已反转"复选框，并将"蒙版羽化"设置为25，如图9-41所示。

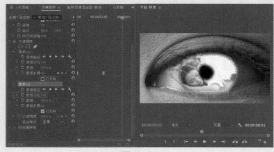

图9-41

⑨ 将当前时间指示器移动至"蒙版（1）"第二个关键帧的位置，单击"蒙版（2）"属性中"蒙版扩展"前的"切换动画"按钮，然后移动至素材最后一帧的位置，将"蒙版扩展"数值设置为-165，框选两个关键帧，右击，在弹出的快捷菜单中依次选择"缓入"和"缓出"选项，在"节目"监视器窗口可以看到瞳孔已经完全显示，如图9-42所示。

⑩ 在"效果"面板的搜索框中输入"镜头扭曲"，将其拖动添加至"草地.mp4"素材上。从"导出帧"素材的起始处开始，按住Shift键并连按→键三次，然后单击"曲率"前的"切换动画"按钮，再按住Shift键并连按→键三次，单击"曲率"前的"切换动画"按钮，同时将数

值设置为-10，此时"草地.mp4"素材呈扭曲状态，如图9-43所示。

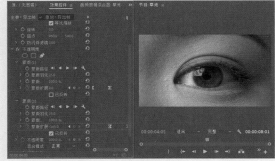

图9-42

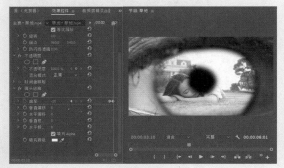

图9-43

⑪ 在"项目"面板中单击"新建项"按钮，创建一个调整图层，将调整图层拖入时间轴的V3轨道中，设置"持续时间"为00:00:03:20，开头与V2轨道起始处对齐，如图9-44所示。

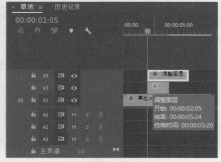

图9-44

⑫ 在调整图层的首尾处分别添加一个关键帧，将当前时间指示器移动至起始处，按住Shift键并连按→键九次，然后将"模糊长度"数值设置为10，框选三个关键帧，右击，在弹出的快捷菜单中依次选择"缓入"和"缓出"选项，播放预览时可以看到画面出现动态模糊的效果，如图9-45所示。

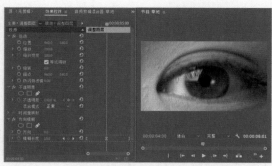

图9-45

⑬ 完成操作后，在"节目"监视器窗口中播放预览效果，画面中人物从有到无，瞳孔从无到有，如图9-46~图9-48所示。

图9-46

图9-47

图9-48

> ◎提示·○
>
> 镜头扭曲效果在影片中通常用来营造视觉特效，镜头扭曲值越高则画面向外突出越明显，扭曲值越低则画面向内凹陷。

9.5 实战——纸面穿梭特效转场

本节结合使用缩放和关键帧功能，制作画面逐渐放大的效果，接着添加渐变擦除效果，让图片素材与视频素材的过渡更为自然，以此营造一种从静态图片到动态视频的穿梭效果，具体操作方法如下。

扫码看教学视频

① 启动Premiere Pro软件，新建一个名称为"纸面穿梭转场"的项目，将"甲秀楼.mp4""静态图.png"和两张"桌面.jpg"素材导入"项目"面板，并将一张"桌面.jpg"素材拖入时间

轴的V1轨道中，此时会自动建立一个序列。

② 设置当前时间为00:00:02:00，并将"静态图.png"素材拖入时间轴的V2轨道中。在"效果控件"面板中，将"静态图.png"的"不透明度"值设置为50%，然后在预览窗口中修改图片大小和角度，直到与"桌面.jpg"素材上的图片重合，修改前后的效果如图9-49和图9-50所示。修改完成后将"不透明度"值复原为100%。

图9-49

图9-50

③ 在"效果"面板的搜索栏中输入"渐变擦除"，将效果拖动添加至V2轨道素材上，然后在"效果控件"面板中单击"过渡完成"前的"切换动画"按钮 ◯，为"静态图.jpg"素材的首尾帧都添加一个关键帧，将"首帧"的数值设置为100%，"尾帧"的数值设置为0%，框选两个关键帧，右击，在弹出的快捷菜单中依次选择"缓入"和"缓出"选项，完成操作后的预览效果如图9-51和图9-52所示，可以看到画面从黑白渐变转为彩色。

图9-51

图9-52

④ 将"甲秀楼.mp4"素材拖入时间轴的V1轨道中，开头与"桌面.jpg"素材的结尾处无缝衔接，右击，在弹出的快捷菜单中选择"缩放为帧大小"选项。在"效果控件"面板中，将"缩放"数值设置为150，"旋转"设置为5.3°，以此来与"桌面.jpg"和"静态图.png"素材角度保持一致，如图9-53所示。

图9-53

05 在时间轴上将"桌面.jpg"素材和"静态图.png"素材框选,右击,在弹出的快捷菜单中选择"嵌套"选项,完成后在"项目"面板中单击"新建项"按钮█,创建一个调整图层,将调整图层拖入时间轴的V2轨道中,将"持续时间"设置为00:00:00:10,结尾处与"嵌套序列01"结尾处对齐,如图9-54所示。

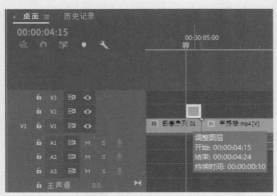

图9-54

06 在"效果"面板搜索框内输入"变换",将该效果拖动添加至V2轨道的调整图层上,然后在"效果控件"面板中单击"缩放"属性前的"切换动画"按钮█,给首尾处分别添加一个关键帧,并将尾帧的"缩放"数值设置为370,展开速率曲线栏,在时间线上将两个拉杆向右拉至极限。最后取消勾选"使用合成的快门角度"复选框,并将"快门角度"设置为180,如图9-55所示。

07 选中V1轨道的"甲秀楼.mp4"素材,在"效果控件"面板中,分别单击"缩放"和"旋转"前的"切换动画"按钮█,按住Shift键并连按→键五次,将"缩放"数值设置为135,"旋转"设置为0°,此时画面恢复为原始状态,如图9-56所示。

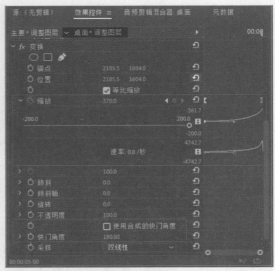

图9-55

图9-56

08 完成操作后,在"节目"监视器窗口预览效果,画面先从黑白渐变至彩色,然后再逐渐放大,直到与视频重合,最后显示出运动视频,如图9-57~图9-59所示。

图9-57

图9-58

图9-59

抖音+剪映+Premiere短视频制作从新手到高手

9.6 实战——时空倒退转场效果

本节介绍如何通过倒放速度来达到电影中常见的时空倒退转场，本例用了八段相同方向，且每段时长5秒的视频拼接重组来制作效果，具体操作方法如下。

扫码看教学视频

① 启动Premiere Pro软件，新建一个名称为"时空倒退转场"的项目，将所需的八段素材导入"项目"面板，并将其按如图9-60所示的顺序依次拖入时间轴的V1轨道中，此时会自动建立一个序列。

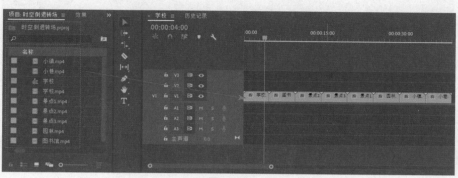

图9-60

② 将时间轴上的所有素材框选，按Ctrl+R组合键，在弹出的"剪辑速度/持续时间"对话框中勾选"倒放速度"复选框，如图9-61所示。完成操作后，再次将所有素材框选，右击，在弹出的快捷菜单中选择"嵌套"选项，保持默认设置，单击"确定"按钮，然后按Ctrl+R组合键，在弹出的对话框中将"速度"设置为1000%，"时间插值"设置为"帧混合"，如图9-62所示。

图9-61

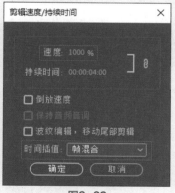

图9-62

◎提示

在设置完参数后，如果想要预览效果，按Enter键对视频进行预渲染，播放时就不会出现卡顿现象了。

③ 选中V1轨道中的素材，右击，在弹出的快捷菜单中选择"嵌套"选项，然后在"效果"搜索框内输入"变形稳定器"，将对应效果拖动添加至素材上后会自动开始分析，将"平滑度"设置为5%，"方法"设置为"位置，缩放，旋转"，如图9-63所示。

图9-63

◎提示·●

如果不再次嵌套而直接将变形稳定器拖入素材，会出现如图9-64所示的警示语，此时系统无法对视频进行稳定分析。

图9-64

④ 分析完成后，在"节目"监视器窗口预览效果，可以看到画面极速后退且带有动态模糊效果，如图9-65和图9-66所示。

图9-65   图9-66

◎提示·●

变形稳定器的作用是稳定抖动的运动视频，将摇晃的素材变得稳定、流畅，对于日常生活中喜欢手持拍摄的用户来说非常实用。

9.7 实战——创意镜头定格转场

本节所制作的效果需要将前期拍摄的视频与素材的帧定格画面结合来制作。首先在前期用相机对着屏幕拍摄素材最后一帧画面定格的视频，再利用交叉溶解

扫码看教学视频

转场实现画面从屏幕里过渡到屏幕外的效果，具体操作方法如下。

① 启动Premiere Pro软件，新建一个名称为"镜头定格转场"的项目，将"猫咪.mp4"和"定格.mp4"素材导入"项目"面板，并将"猫咪.mp4"素材拖入时间轴的V1轨道中，此时会自动建立一个序列。

② 将当前时间指示器移动至V1轨道素材的最后一帧，然后单击"节目"监视器窗口底部的"导出帧"按钮 ，在弹出的对话框中勾选"导入到项目中"复选框，"名称"修改为"猫咪定格"，完成后单击"确定"按钮，如图9-67所示。

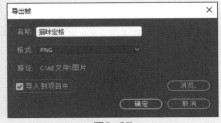

图9-67

⓿ 将"猫咪定格.png"素材拖入时间轴的V2轨道中,开头处与V1轨道结尾处相连,将"持续时间"设置为十帧,如图9-68所示。

图9-68

⓿ 将"定格.mp4"素材拖入V1轨道中,开头与V2轨道素材对齐。在"效果控件"面板中将"猫咪定格.png"素材的"不透明度"设置为50%,此时可以看到两段素材叠加在一起且不重合,如图9-69所示。

⓿ 选中V1轨道中的"定格.mp4"素材,在"效果控件"面板中将"位置"的X轴数值设置为1033,Y轴数值设置为522,"缩放"设置为114。在"节目"监视器窗口中看到两端素材已经基本重合,如图9-70所示,完成后将"猫咪定格.png"素材的"不透明度"复原为100%。

图9-69

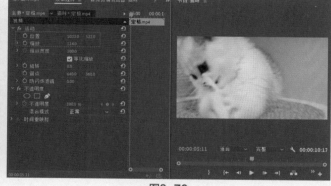

图9-70

⓿ 将"定格.mp4"素材拖动至V2轨道中,开头处与"猫咪定格.png"素材结尾处相连。在"效果"面板搜索框内输入"交叉溶解",将对应效果拖动添加至"定格.mp4"素材上,将"持续时间"设置为00:00:00:15,如图9-71所示。

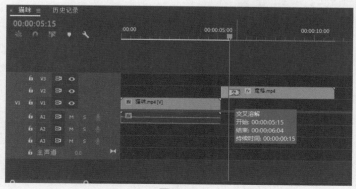

图9-71

07 预览视频效果，可以看到画面从"猫咪定格.png"逐渐过渡到"定格.mp4"，营造出一种屏幕定格的视频效果，如图9-72~图9-74所示。

图9-72

图9-73

图9-74

9.8 实战——图像瞬间液化转场

本节运用蒙版、关键帧和缩放功能制作视频渐显效果，同时会添加湍流置换效果，将静止的水营造出流动的效果，具体操作方法如下。

扫码看教学视频

01 启动Premiere Pro软件，新建一个名称为"图像瞬间液化转场"的项目，将"小雏菊.mp4"和"倒茶.mp4"素材导入"项目"面板，然后将"倒茶.mp4"素材拖入时间轴的V2轨道中，此时会自动建立一个序列，按住Alt键并连按→键十次，将"小雏菊.mp4"素材拖入V1轨道并放在此处，如图9-75所示。

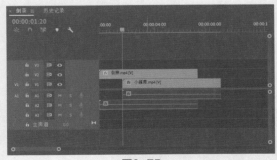
图9-75

02 选中"倒茶.mp4"素材，在"效果控件"面板中单击"不透明度"的"自由绘制贝塞尔曲线"按钮🖊️，然后在"节目"监视器窗口将茶

杯中的茶水区域抠出来，完成后将"蒙版羽化"设置为15，"蒙版扩展"设置为5，勾选"已反转"复选框，如图9-76所示。

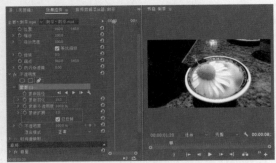
图9-76

03 按住Alt键+左键将"倒茶.mp4"素材向V3轨道复制一层，然后单击"剃刀工具"按钮🔪，在当前位置将V3轨道中的素材切割开。在"效果"面板的搜索框内输入"湍流置换"，将对应效果拖动添加至切割的后部分素材中，如图9-77所示。

图9-77

04 在"效果控件"面板中，将"数量"数值设置为30，"置换"选择湍流较平滑，然后单击"不透明度"和"演化"选项前的"切换动画"按钮⏱️，在首尾帧各添加一个关键帧，将第一个关键帧的"不透明度"数值设置为100%，"演化"设置为0°，再将最后一个关键帧的"不透明度"数值设置0%，"演化"设置为200°，框选所有关键帧，右击，在弹出的快捷菜单中依次选择"缓入"和"缓出"选项，如图9-78所示。

05 将当前时间指示器移动至V2和V3轨道最后一帧的位置，单击"剃刀工具"🔪，将V1轨道的"小雏菊.mp4"素材切割开，然后将"湍流置换"效果添加到素材上。

图9-78

06 在"效果控件"面板中单击"数量"和"演化"前的"切换动画"按钮◎，在首帧各添加一个关键帧，将第一个关键帧的"数量"数值设置为100，"演化"设置为0°，按住Shift键并连按→键二十六次，来到素材00:00:06:00的位置，将"数量"数值设置50，"演化"设置为1x318°，再次按住Shift键并连按→键六次，将"数量"数值设置0°，框选所有关键帧，右击，在弹出的快捷菜单中依次选择"缓入"和"缓出"选项，如图9-79所示。

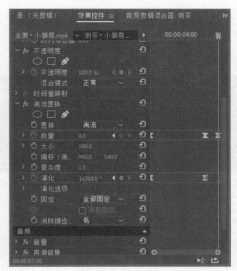

图9-79

07 在"效果"面板的搜索框内输入"交叉溶解"，将对应效果添加至V3轨道两段素材的连接处，然后框选V2和V3轨道中的所有素材，右

击，在弹出的快捷菜单中选择"嵌套"选项，在素材起始处分别添加一个"位置"和"缩放"关键帧，按住Shift键并连按→键二十次，来到00:00:03:10位置，将"缩放"设置为120，按住Shift键并连按→键十六次，来到00:00:06:00位置，将"位置"的X轴数值设置为692，Y轴数值设置为441，"缩放"设置为440，框选所有关键帧，右击，在弹出的快捷菜单中依次选择"缓入"和"缓出"选项，将关键帧转化为缓入和缓出关键帧，如图9-80所示。

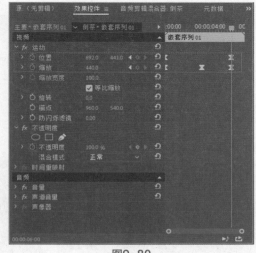

图9-80

08 在"节目"监视器窗口中播放预览效果，画面从完全不透明的茶水渐变成小雏菊并铺满整个画面，如图9-81～图9-83所示。

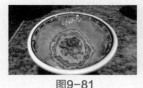

图9-81

图9-82

图9-83

◎提示·◦

使用"湍流置换"效果可在影片中制造各种有趣的扭曲效果，例如流水、哈哈镜、摆动的旗帜等效果。

9.9 实战——趣味井盖旋转转场

本节将蒙版、关键帧和旋转功能相结合，把静止的井盖图片制作出动态旋转效果，具体操作方法如下。

扫码看教学视频

⓿① 启动Premiere Pro软件，新建一个名称为"趣味井盖旋转转场"的项目，将"1.jpg"素材导入"项目"面板并将其拖动到时间轴中，此时会自动建立一个序列，按住Alt键+左键将素材向V2轨道中复制一层。

⓿② 选中V2轨道素材，在"效果控件"面板中展开"不透明度"属性栏，单击"创建椭圆形蒙版"按钮⬭，在"节目"监视器窗口中将井盖部分框选出来，然后将"蒙版羽化"的数值设置为0，关闭V1轨道前的"切换轨道输出"按钮◉，此时可以看到画面中被框选出的井盖部分，如图9-84所示。

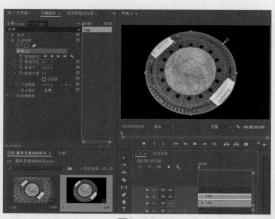
图9-84

⓿③ 单击"节目"监视器窗口中的"导出帧"按钮◙，在弹出的对话框中将名称设置为"井盖"，"格式"设置为PNG，选择一个存储位置，勾选"导入到项目中"复选框，完成后单击"确定"按钮，如图9-85所示。

⓿④ 选中V2轨道中的素材，在"效果控件"面板中勾选"蒙版"中的"已反转"复选框，如图9-86所示。在"节目"监视器窗口中单击"导出帧"按钮◙，将"名称"设置为"背景"，"格式"设置为PNG，勾选"导入到项

目中"复选框，完成后单击"确定"按钮，如图9-87所示。

图9-85

图9-86

图9-87

⓿⑤ 将时间轴上的所有素材删除，然后将"项目"面板中的"井盖.png"素材拖动至V1轨道中，将"背景.png"素材拖动至V2轨道中，如图9-88所示。

图9-88

⓿⑥ 在"效果"面板搜索框内输入"变换"，将其拖动添加至V1轨道素材上，在"效果控件"面板中，取消勾选"变换"属性栏中的"使用合成快门角度"复选框，将"快门角度"设置为360°，然后在素材的起始处添加一个"位置"关键帧，将"X轴"数值设置为2280，此时可以看到井盖消失在画面中，如图9-89所示。

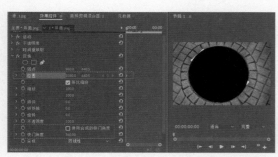

图9-89

07 按住Alt键并连按→键八次，单击"位置"属性栏中的"重置参数"按钮🔄，将位置复原，然后在此基础上按住Alt键并按→键一次，添加一个"旋转"关键帧，再按住Alt键并连按→键三次，将"旋转"的数值设置为2x0°，框选所有关键帧，右击，在弹出的快捷菜单中依次选择"缓入"和"缓出"选项，将关键帧转化为缓入和缓出关键帧，如图9-90所示。

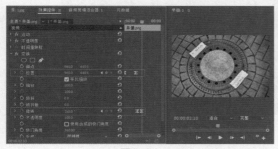

图9-90

08 完成后的效果如图9-91和图9-92所示，井盖伴随着动态模糊效果进入画面，同时开始旋转。

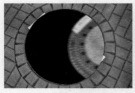

图9-91　　　　　图9-92

09 按住Ctrl+I组合键，将"岛.mp4"素材导入项目，并拖动至时间轴的V1轨道，选中"井盖.png"和"背景.png"素材，右击，在弹出的快捷菜单中选择"嵌套"选项，如图9-93所示。

10 选中嵌套素材，进入"效果控件"面板，在素材的起始处添加一个"缩放"关键帧，修改数值直至画面中"背景.png"素材完全消失，如图9-94所示，按住Alt键并连按→键三次，在

"井盖.png"素材出现的第一帧将"缩放"重置为100，框选两个关键帧，右击，在弹出的快捷菜单中依次选择"缓入"和"缓出"选项，将关键帧转化为缓入和缓出关键帧，如图9-95所示。

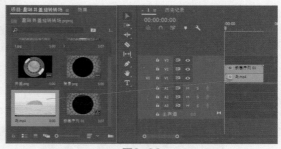

图9-93

图9-94

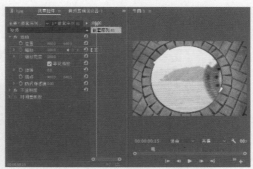

图9-95

11 完成后的最终效果如图9-96和图9-97所示，可以看到背景逐渐缩小进入画面，整体效果更加流畅自然。

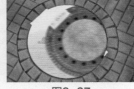

图9-96　　　　　图9-97

9.10 实战——视频前景遮挡转场

本节运用蒙版和关键帧功能，制作素材与素材之间无缝过渡的效果，操作方法不难，主要是考验耐心和细心，具体操作方法如下。

扫码看教学视频

① 启动Premiere Pro软件，新建一个名称为"前景遮挡"的项目，将"地铁站.mp4"和"校园.mp4"素材导入"项目"面板，然后将"地铁站.mp4"素材拖入时间轴的V2轨道中，此时会自动建立一个序列，将"校园.mp4"素材拖入V1轨道中，放在00:00:01:03的位置，单击"切换轨道输出"按钮 👁️，将其关闭。

② 选中V2轨道中的素材，在"效果控件"面板中单击"不透明度"属性栏的"自由绘制贝塞尔曲线"按钮 ✏️，然后在"节目"监视器窗口绘制一个闭合蒙版，将人物身后的部分全部框选在蒙版内，完成后勾选"已反转"复选框并将"蒙版羽化"设置为15，如图9-98所示。

图9-98

③ 向前移动时间线，同时修改蒙版的选择范围，将人物身后的部分全部框选在蒙版内，直至人物消失在画面中，最后一帧整个蒙版需铺满画面，逐帧修改完后的效果如图9-99所示。

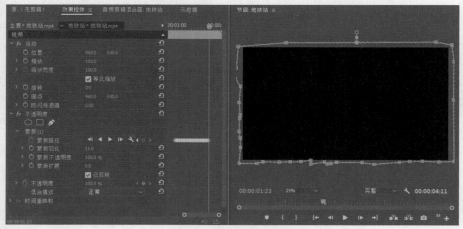
图9-99

④ 将时间线移动到第一个关键帧的位置，按←键向前移动一帧，然后将蒙版移出到画面外，如图9-100所示。

图9-100

05 在"节目"监视器窗口预览最终效果,画面中人物走过的地方均被V1轨道的素材填补,形成一个前景遮挡无缝转场,如图9-101~图9-103所示。

图9-101

图9-102

图9-103

9.11 本章小结

通过本章的学习,相信读者对转场的概念及常见的转场制作方法有了更深入的了解。需要注意的是,在转场的过程中要尽量以自然连贯的方式进行过渡,切忌生硬勉强地进行画面切换。优秀的转场会使作品看起来更流畅、精致。转场不一定要复杂多样、过分炫酷,这样反而会分散观众的注意力。

第10章
文字特效，画面中必不可少的吸睛点

文字是语言的载体，是传达信息的方式和工具。在电影片头片尾、综艺节目、Vlog中经常可以看到多种多样的文字特效。给文字添加不同效果，不仅能清晰地传达信息，还能提升画面美感及影片质感。

10.1 实战——制作综艺花字效果

本节利用"旧版标题"功能制作综艺节目中常见的花字效果，通过简单便捷的方法可以制作多样的特效，下面介绍两种制作方法。

扫码看教学视频

01 启动Premiere Pro软件，新建一个名称为"综艺花字"的项目，将"vlog.jpg"素材导入"项目"面板，并将素材拖入时间轴中，此时会自动建立一个序列。

02 执行"文件"|"新建"|"旧版标题"命令，在弹出的"新建字幕"对话框中保持默认设置，单击"确定"按钮，进入旧版标题面板，如图10-1所示。

03 在"字幕"面板中输入文字"七七的美好生活"，并在"旧版标题属性"栏中将"X位置"设置为859.2，"Y位置"设置为576.1，选择一个合适的字体，"字体大小"设置为100，"行距"设置为66，"倾斜"设置为10°，如图10-2所示。在"填充"属性栏中将"填充类型"设置为"线性渐变"，单击颜色栏第一个光标，将其设置为绿色，单击第二个光标，将其设置为淡黄色，"角度"设置为48°，然后勾选"内描边"复选框，"填充类型"设置为实底，"颜色"设置为橙色，"类型"设置为边缘，再勾选"外描边"复选框，"类型"设置为边缘，"大小"设置为56，"填充类型"设置为实底，"颜色"选择白色，如图10-3所示，完成后的效果如图10-4所示。

图10-1

图10-2

图10-3

图10-4

◎提示•◦

参考以上操作方法，可自由修改文字颜色、倾斜角度、描边类型和填充类型，描边类型包含"深度""边缘"和"凹进"三种，如图10-5所示。填充类型包含"实底""线性渐变""径向渐变""四色渐变""斜面""消除"和"重影"七种，如图10-6所示。

图10-5   图10-6

04 如果完成的效果比较满意且今后也需要用到，单击"旧版标题样式"旁的"展开"按钮☰，选择"新建样式"选项，如图10-7所示。在弹出的对话框中保持默认设置，单击"确定"按钮，此时在样式库中可以看到刚才制作的花字样式已经保存，如图10-8所示。

05 在"字幕"面板中输入文字"重庆三日游"，将"X位置"设置为3648.5，"Y位置"设置为3423，选择一个合适的字体，"字体大小"设置为700，"字符间距"设置为-14，"倾斜"设置为7°，如图10-9所示。在"填充"属性栏中勾选"纹理"复选框，单击旁边的"选择纹理"按钮▣，如图10-10所示，在弹出的"选择纹理图像"对话框中选择"油画"素材，单击"打开"按钮，如图10-11所示。然后勾选"内描边"复选框，"类型"设置为边缘，"大小"设置为10，"填充类型"设置为实底，"颜色"设置为橙色，再勾选"外描边"复选框，"类型"设置

为边缘，"大小"设置为90，"颜色"设置为白色，如图10-10所示。

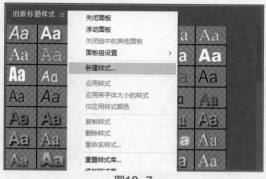

图10-7

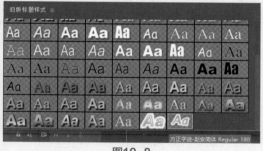

图10-8

图10-9   图10-10

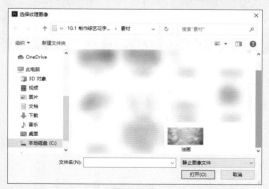

图10-11

第10章 文字特效，画面中必不可少的吸睛点

06 回到Premiere Pro的主界面，将字幕01和字幕02素材分别拖入时间轴的V3和V6轨道上，时长与"vlog.jpg"素材的时长保持一致，如图10-12所示。在"节目"监视器窗口中可以预览文字效果，如图10-13所示。

图10-12

图10-13

07 按Ctrl+I组合键，将"水彩笔刷.png""可爱分割线.png"和"微笑表情.png"导入"项目"面板，将"水彩笔刷.png"素材拖入时间轴的V2轨道中，将"微笑表情.png"拖入V4轨道中，将"可爱分割线.png"拖入V5轨道中，如图10-14所示。

图10-14

08 选中"水彩笔刷.png"素材，进入"效果控件面板"，将"位置"的X轴数值设置为876.5，Y轴数值设置为584.9，如图10-15所示，选中"微笑表情.png"素材，在"效果控件"面板中将"位置"的X轴数值设置为1308.4，Y轴数值设置为436.9，"缩放"设置为92.5，"旋转"

设置为25°，如图10-16所示，完成所有操作后的效果如图10-17所示，水彩笔刷素材成为文字的背景，微笑表情则用于装饰画面。

图10-15

图10-16

图10-17

09 在"效果面板"中搜索"颜色替换"，将对应效果拖动添加到V5轨道的"可爱分割线.png"素材上，然后选中该素材，进入"效果控件"面板，将"位置"的X轴设置为3625，Y轴设置为3642，"缩放"设置为162，展开"颜色替换"属性栏，将"相似性"设置为6，勾选"纯色"复选框，选择"目标颜色"后的吸管工具，在

"节目"监视器窗口吸取"可爱分割线"素材中的红色爱心部分，再将"替换颜色"设置为与文字相近的淡黄色，如图10-18~图10-20所示。

图10-18

图10-19

图10-20

10.2 实战——Vlog常用景点介绍文字特效

本节运用软件自带的粗糙边缘效果与关键帧功能，制作文字消散效果，再用蒙版工具制作立体感文字，具体操作方法如下。

扫码看教学视频

① 启动Premiere Pro软件，新建一个名称为"景点介绍文字特效"的项目，将"长沙.mp4"和"重庆.mp4"素材导入"项目"面板，并依次将素材拖入时间轴的V1轨道中，此时会自动建立一个序列。

② 单击"文字工具"按钮T，在"节目"监视器窗口输入文字"长沙"，然后在"基本图形"面板中选择一个合适的字体，"字体大小"设置为300，"字距"设置为340，单击"仿粗体"按钮T和"仿斜体"按钮T，"填充"颜色选择白色，如图10-21所示。单击"对齐并变换"属性栏的"垂直居中对齐"按钮回和"水平居中对齐"按钮回，如图10-22所示。

图10-21　　　　　　图10-22

③ 在"效果"面板搜索框内输入"粗糙边缘"，将对应效果拖动添加至时间轴V2轨道的"长沙"文字素材上，然后在"效果控件"面板中展开"粗糙边缘"属性栏，在素材的第一帧位置单击"边框"属性前的"切换动画"按钮，将"边框"数值设置为450，如图10-23所示。按住Shift键并连按→键十二次，将"边框"数值设置为0，框选两个关键帧，右击，在弹出的快捷菜单中依次选择"缓入"和"缓出"选项，将关键帧转化为缓入和缓出关键帧，如图10-24所示。

④ 按住Shift键并连按→键九次，添加一个关键帧，然后在最后一帧再添加一个关键帧，将"边框"数值设置为450。在"节目"监视器窗口中预览效果，可以看到文字慢慢从隐到显再到隐，如图10-25~图10-27所示。

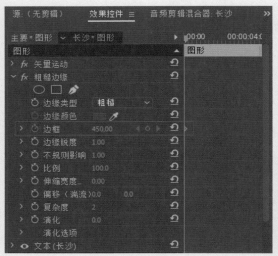

图10-23

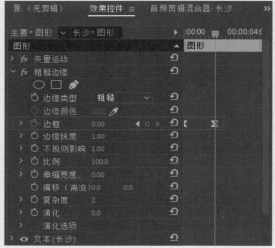

图10-24

图10-25

图10-26

图10-27

05 单击"文字工具"按钮 **T** ，在"重庆.mp4"素材上添加文字"重庆"，将"X轴位置"设置

为1110，"Y轴位置"设置为750，选择一个合适的字体，"字体大小"设置为300，单击"仿斜体"按钮 **T** ，"填充"颜色选择白色，"描边"颜色设置为黑色，"宽度"设置为5，如图10-28所示。按住Alt键+左键，将时间轴V1轨道中的"重庆.mp4"向V3轨道复制一层，如图10-29所示。

图10-28

图10-29

06 选中V3轨道素材，在"效果控件"面板中单击"不透明度"属性栏中的"自由绘制贝塞尔曲线"按钮 ，在"节目"监视器窗口中为文字所在位置的建筑物绘制一个蒙版，绘制完后文字会自动显示，如图10-30所示。

07 选中V2轨道文字素材，展开"效果控件"面板中的"矢量运动"属性栏，在素材第一帧的位置单击"位置"前的"切换动画"按钮 ，将"Y轴位置"设置为785，如图10-31所示。按住Shift键并连按→键十三次，将"Y轴位置"设置为500，框选两个关键帧，右击，在弹出的快捷菜单中依次选择"缓入"和"缓出"选项，将关键帧转化为缓入和缓出关键帧，如图10-32所示。

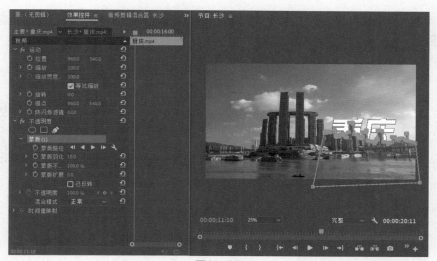

图10-30

图10-31

图10-32

⑧ 在"节目"监视器窗口中播放预览效果，可以看到文字从建筑下方慢慢升上来，呈现一种立体感，如图10-33～图10-35所示。

图10-33　　图10-34

图10-35

10.3 实战——制作Vlog愿望清单

扫码看教学视频

　　本节运用剪映自带的文字模板，制作Vlog中常见的愿望清单标记效果，需要准备一张纯色背景图和三张其他素材图，具体操作方法如下。

① 启动剪映App，点击"开始创作"按钮[+]，将纯色背景导入至项目，点击"画中画"按钮◙，再点击"新增画中画"按钮◈，依次将三张其他素材图导入进来，然后缩小三张素材图，放至画面左侧，如图10-36所示。

图10-36

02 点击"文字"按钮**T**，然后点击"文字模板"按钮**A**，应用"标记"菜单中的第四个模板，在画面中手指双击文字模板，将文字修改为"早起喝一杯水"，持续时长与主轨素材一致，如图10-37所示。点击"复制"按钮**□**，将文字模板复制一层，移动时间线至第2秒位置，将前面多余的部分删除，然后把文字修改为"按时吃饭"，如图10-38所示。移动时间线至第3秒，再复制一层文字模板，删除前面多余的部分，将文字修改为"运动"，如图10-39所示，完成后点击"导出"按钮保存至手机中。

图10-37

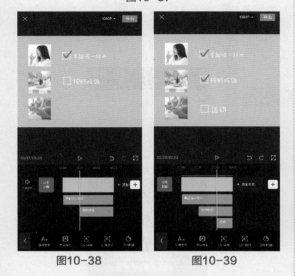

图10-38　　　　　图10-39

10.4 实战——制作视频内容进度条

本节利用形状工具绘制一个与进度条形状相似的图形，再制作裁剪关键帧动画效果，营造出加载的效果，具体操作方法如下。

扫码看教学视频

01 启动Premiere Pro软件，新建一个名称为"视频进度条"的项目，将"大海.mp4""沙漠.mp4"和"森林.mp4"素材导入"项目"面板，并依次将素材拖入时间轴的V1轨道中。在每段视频的连接处按M键分别添加一个标记，如图10-40所示。

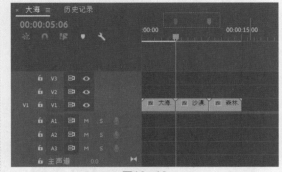

图10-40

02 单击"矩形工具"按钮**■**，在"节目"监视器窗口画面的下方绘制一个与画面长度一致的矩形长条，"填充颜色"选择黑色，持续时长与V1轨道素材一致，如图10-41所示。

图10-41

03 在时间轴上按住Alt键+左键，将V2轨道图形素材向V3轨道复制一层，然后在"基本图形"面板中将"填充颜色"设置为白色，如图10-42所示。

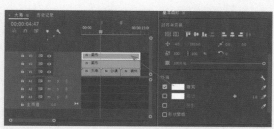

图10-42

04 在"效果"面板的搜索框内输入"裁剪"，将对应效果拖动添加至V3轨道素材上，进入"效果控件"面板，单击"裁剪"属性栏中"右侧"前的"切换动画"按钮🕐，在素材的首尾处分别添加一个关键帧，将"首帧"的数值设置为100，"尾帧"的数值设置为0，右击，在弹出的快捷菜单中依次选择"缓入"和"缓出"选项，播放预览效果时可以看到画面中白色图形素材呈进度条加载效果，如图10-43所示。

图10-43

05 单击"文字工具"按钮 T ，在视频起始处与标记点之间的中心位置输入文字"大海"，将"文字大小"设置为50，将"填充颜色"设置为黑色，选择一个合适的字体，如图10-44所示。

图10-44

06 在"效果控件"面板中选中"文本（大海）"素材，按Ctrl+C组合键复制，然后按Ctrl+V组合键将素材粘贴两层，将复制的两个素材文字分别修改为"沙漠"和"森林"，再将"沙漠"放在第一二个标记点的中间位置，"森林"放在第二个标记点和结尾处的中间位置，如图10-45所示。

图10-45

07 在"节目"监视器窗口播放预览效果，如图10-46～图10-48所示。

图10-46

图10-47

图10-48

10.5 实战——制作霓虹灯文字效果

本节主要通过调整"快速模糊"效果的数值，营造逼真的霓虹灯发光效果，具体操作方法如下。

扫码看教学视频

第10章 文字特效，画面中必不可少的吸睛点

01 启动Premiere Pro软件，新建一个名称为"霓虹灯文字效果"的项目并创建一个序列，在"项目"面板中单击"新建项"按钮 ，创建"颜色遮罩"图层，选择一个较深的颜色，然后将其拖入时间轴的V1轨道中，按T键在画面中输入文字"VLOG"，设置完成字体、颜色等参数后在一秒处将素材切割一下，然后按住Alt键+左键将后面部分向V3和V4轨道分别复制一层，如图10-49所示。

图10-51

03 选中V4轨道素材，在"Lumetri颜色"窗口中展开曲线属性栏的RGB曲线，拖动RGB曲线，将文字稍稍调亮，如图10-52所示。

图10-49

02 在"效果"面板搜索框内输入"快速模糊"，将对应效果分别拖动添加至V1轨道和V2轨道的后半部分素材上。关闭V1轨道，选中V2轨道素材，在"效果控件"面板中将"模糊度"数值设置为68，此时文字呈微微发光效果，如图10-50所示。选中V1轨道素材，将"模糊度"数值设置为211，此时文字发光效果明显，如图10-51所示。

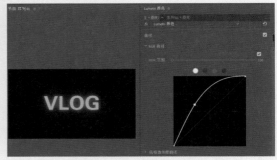
图10-52

04 选中三条文字素材，右击，在弹出的快捷菜单中选择"嵌套"选项。按Ctrl+I组合键，将"开灯.wav"素材导入项目并拖入时间轴的A1轨道中，根据音效的节奏点，添加标记点并切割"VLOG"和"嵌套序列01"，将两种素材交叉摆放，在第一个标记点前放正常文字效果的"VLOG"素材，在第二个标记点前放霓虹灯文字效果，重复此操作直至音效结束，如图10-53所示。

图10-50

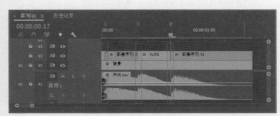
图10-53

05 预览效果可以看到，文字随着音效的起伏而变化，营造出一种开关霓虹灯的视觉效果，如图10-54和图10-55所示。

图10-54　　　　图10-55

> ◎提示·◦
>
> 　　本节背景选择灰色的原因是因为灰色背景下霓虹灯效果比黑色更为明显，霓虹灯效果建议在深色背景下使用，过亮的背景会导致效果不明显。

10.6 实战——制作打字机效果视频

　　本节制作Vlog中常用的打字机效果，方法简单便捷，配合打字音效使效果更自然逼真，具体操作方法如下。

扫码看教学视频

01 启动剪映App，点击"开始创作"按钮[+]，将背景图导入项目，执行"文本"|"新建文本"命令，输入文字"圣诞节即将到来"，选择合适的字体，"描边效果"设置为黑底白边，如图10-56所示。点击"动画"按钮，然后点击"入场动画"按钮，应用"打字机Ⅰ"效果，将动画时长设置为1.5秒，如图10-57所示。

图10-56

图10-57

02 返回主界面，点击"音频"按钮♪，然后点击"音效"按钮，使用"机械"|"打字声"效果，如图10-58所示，将该效果添加至视频的起始处，完成后点击"导出"按钮保存至手机中。

图10-58

10.7 实战——制作Vlog文字手写标题

　　本节主要利用关键帧和书写工具制作一个手写文字动画开场效果，具体操作方法如下。

扫码看教学视频

01 启动Premiere Pro软件，新建一个名称为"手写文字动画"的项目，将背景素材"摩天轮.mp4"导入"项目"面板并拖入时间轴的V1轨道，此时会自动建立一个序列。单击工具栏中的"文字工具"按钮T或按T键，在画面中输入文字"HAVE A NICE DAY"，设置合适的字体及颜色，将"文字大小"设置为200，完成后单击"垂直居中对齐"按钮回和"水平居中对齐"按钮回使文字处于画面中心位置，如图10-59所示。

02 选中V2轨道中的文字素材，右击，在弹出的快捷菜单中选择"嵌套"选项，在"效果"面板的搜索框内输入"书写"，将对应效果拖动添加至文字素材上。然后在"效果控件"面板中将"画笔大小"设置为15，并在起始处添加一个"画笔位置"关键帧，在"节目"监视器窗口中将画笔拖动至第一个字母的开头处，如图10-60所示。

第10章 文字特效，画面中必不可少的吸晴点

图10-59

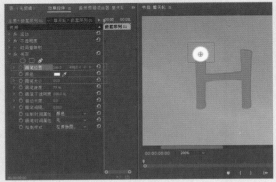

图10-60

03 在"节目"监视器窗口中,连按三次→键,同时根据字母的轮廓移动一次画笔的位置,如图10-61所示,参照此方法,为所有的字母进行同样操作,完成后的效果如图10-62所示。

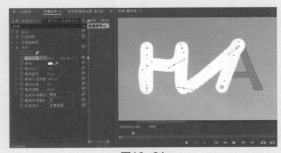

图10-61

图10-62

◎提示•◦

在画面中无法移动画笔位置时只需要点击一下效果控件栏中的"画笔大小"文字,当画笔上出现一个蓝色十字形图形⊕后,即可移动画笔位置。在书写时要注意,画笔的移动应当根据实际生活中人写字的顺序来移动,如图10-63和图10-64所示,字母A中间的一横应该从左向右书写,所以需要先将画笔移动至左边,然后再向右移动。如果按照如图10-65所示直接将画笔移动覆盖中间的一横,则最终效果会出现字母A中间一横从右写向左的情况。

图10-63   图10-64

图10-65

04 完成书写效果的制作后,在"效果控件"面板中将"绘制样式"设置为"显示原始图像",如图10-66所示,在"节目"监视器窗口播放预览效果,画面中文字以手写的效果逐渐出现,如图10-67和图10-68所示。

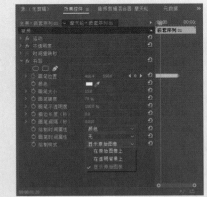

图10-66

图10-67   图10-68

◎提示･□

　　正常速度下本例的手写文字动画需要约8秒的时间完整显示出来，如图10-69所示，如果需要调整文字动画出现的速度只用调节时间轴上"嵌套序列01"的速度即可，将"嵌套序列01"的速度设置为150%，此时手写动画速度加快，完整显示只需要约5秒的时间，如图10-70所示；将"嵌套序列01"的速度设置为50%，此时手写动画速度变慢，完整显示需要约16秒的时间，如图10-71所示。

图10-69

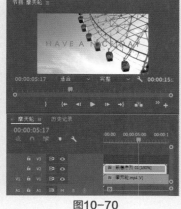

图10-70

图10-71

10.8　本章小结

　　通过本章的学习可以了解到，文字特效具有传递信息和视觉感的特点，在制作短视频时，可以将文字特效与之前学习过的片头片尾效果相结合，在片头片尾中辅以精致的文字特效，将画面的整体美感提升到一个新高度。

第11章
画面优化，让作品锦上添花

画面的质感决定了观众对作品的第一印象，清晰优质的画面能让观众产生继续看下去的欲望，而低质量的画面却很难留住观众。想要提升画面质量，可以通过提高画面清晰度、增加特效、调色等多种方法来达到。

11.1 如何使上传的视频画面更清晰

视频画面的清晰度是由视频的分辨率决定的，分辨率越高视频画面就越清晰。下面以iPhone手机为例，为读者介绍设置前期拍摄分辨率及后期提高画面清晰度的方法。

11.1.1 调整格式和分辨率

进入手机设置中的"相机"设置面板，将"格式"设置为"高效"，如图11-1所示。将录制视频的分辨率设置为4K，60 fps，如图11-2所示。

图11-1

图11-2

> **提示**
>
> 高分辨率及更流畅的画面会占用较多的设备内存，因此在进行此设置前，务必先确认设备内存是否足够，避免在拍摄时因空间不足造成工作中断。

11.1.2 掌握画面调节工具的使用

将素材导入剪映项目，点击"调节"按钮，然后将"饱和度"增至30，如图11-3所示，将"锐化"增至50，如图11-4所示。

图11-3

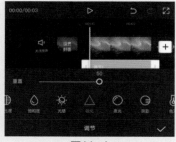

图11-4

画面调节前的原图效果如图11-5所示，调节饱和度及锐化参数后的画面效果如图11-6所示。

图11-5　　　　　　图11-6

11.1.3　掌握项目的导出设置

导出前，建议在设备空间及拍摄要求达标的前提下，将"分辨率"设置为2K/4K，将"帧率"设置为60，如图11-7所示。

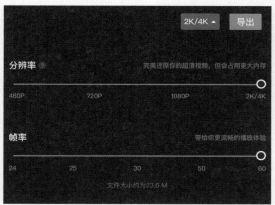

图11-7

11.2　实战——去除视频画面中的水印

本节运用"中间值"的原理来消除画面中的文字水印，具体操作方法如下。

扫码看教学视频

01 启动Premiere Pro软件，新建一个名称为"去水印"的项目，将"水印.mp4"素材导入"项目"面板并拖入时间轴面板，此时会自动建立一个序列。在"效果"面板的搜索框内输入"中间值"，将对应效果拖动添加至"水印.mp4"素材中，如图11-8所示。

图11-8

02 在"效果控件"面板中单击"中间值"属性栏中的"创建椭圆形蒙版"按钮◯，然后在"节目"监视器窗口中，框选左上角的水印部分，如图11-9所示。

图11-9

03 将"半径"的数值设置为28，此时在画面中可以看到水印已经消失，如图11-10所示。

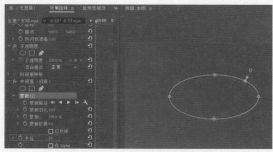

图11-10

◉提示·◉

中间值去水印的原理是通过搜索选区半径范围内亮度相近的像素来替换周围像素差异太大的像素，达到去除水印的效果。

01
02
03
04
05
06
07
08
09
10
11
12

第11章　画面优化，让作品锦上添花

11.3 实战——对人物面部进行遮挡处理

本节运用马赛克效果和蒙版路径自动跟踪功能，制作人物面部马赛克跟随效果，具体操作方法如下。

扫码看教学视频

01 启动Premiere Pro软件，新建一个名称为"跟踪马赛克"的项目，将"人物.mp4"素材导入"项目"面板并拖入时间轴，此时会自动建立一个序列，如图11-11所示。在"效果"面板搜索框内输入"马赛克"，将对应效果拖动添加到素材上。

图11-11

02 在"效果控件"面板中单击"马赛克"属性栏中的"创建椭圆形蒙版"按钮◎，在人物面部绘制一个椭圆形蒙版，如图11-12所示。

图11-12

03 单击"蒙版路径"属性栏中的"向前跟踪所选蒙版"按钮▶，弹出"正在跟踪"对话框，此时蒙版会根据脸部移动的位置自动调整蒙版的位置，如图11-13所示。

图11-13

04 跟踪完成后预览效果，可以看到画面中的马赛克自动跟随人物面部移动而移动，如图11-14~图11-16所示。

图11-14

图11-15

图11-16

提示

在使用蒙版工具模糊人物面部后，蒙版并不会跟随人物的移动而移动，使用"向前跟踪所选蒙版"功能便可以使蒙版在人物移动时自动跟踪面部位置并随面部位置的改变而改变。

11.4 实战——制作蒸汽波老电视效果

本节主要利用颜色平衡功能制作RGB分离效果，再运用波形变形和杂色等效果为画面营造复古旧电视风格，具体操作方法如下。

扫码看教学视频

01 启动Premiere Pro软件，新建一个名称为"蒸汽波效果"的项目，将"人物.mp4""故障线条.mp4"和"录像框.mp4"素材导入"项目"面板，并将"人物.mp4"素材拖入时间轴面板，此时会自动建立一个序列。

02 按住Alt键+左键向V2和V3轨道分别拖动复制一层，在"效果"面板搜索框内输入"颜色平衡"，应用"颜色平衡（RGB）"效果，将其拖动添加至V2和V3轨道的素材上，如图11-17所示。

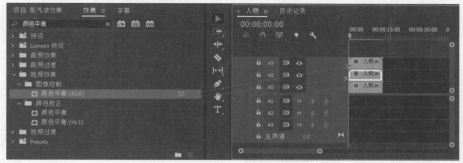

图11-17

03 选中V2轨道素材，在"效果控件"面板中将"位置"的X轴数值设置为949，将"不透明度"设置为60%，将"混合模式"设置为"滤色"，"红色"数值设置为0，保留"绿色"和"蓝色"选项，如图11-18所示。

图11-18

04 选中V3轨道素材，将"混合模式"设置为"滤色"，"绿色"和"蓝色"的数值均设置为0，"红色"保留默认数值，如图11-19所示，完成后的效果如图11-20所示。

图11-19

图11-20

05 在"效果"栏内分别搜索"杂色"和"彩色浮雕"，将对应效果分别拖动添加至V1轨道素材上，然后在"效果控件"面板中将"杂色"属性栏的"杂色数量"数值设置为20，将"彩色浮雕"属性栏的"起伏"数值设置为4.8，此时可以看到画面呈现颗粒和浮雕质感，如图11-21所示。

图11-21

06 将"故障线条.mp4"拖入时间轴的V4轨道，右击，在弹出的快捷菜单中选择"设为帧大小"选项，如图11-22所示，素材则会放大至与其他素材大小一致，然后在"效果控件"面板中，将

"混合模式"设置为"差值",此时画面中会出现黑色线条故障效果,如图11-23所示。

图11-22

图11-23

◎提示·◎

如果故障素材时长不够,可以向后再复制一个。

⑦ 在"项目"面板中单击"新建项"按钮■,创建一个调整图层,将"调整图层"素材拖入时间轴的V5轨道,在"效果"面板中搜索"波形变形"效果,将其拖动添加至调整图层中,然后在"效果控件"面板中将"波形类型"设置为"锯齿","波形高度"设置为15,"波形宽度"设置为300,"方向"设置为0,此时画面会出现与旧电视波纹流动相似的效果,如图11-24所示。

图11-24

⑧ 将"录像框.mp4"素材拖入时间轴的V6轨道,右击,在弹出的快捷菜单中选择"缩放为帧

大小"选项,在"效果控件"面板中,将其"混合模式"设置为"滤色",完成后的画面效果如图11-25和图11-26所示。

图11-25　　　　图11-26

11.5 实战——保留画面局部色彩

本节运用HSL辅助和蒙版工具,将画面中红色以外的颜色去除,达到只保留单色的目的,具体操作方法如下。

扫码看教学视频

① 启动Premiere Pro 软件,新建一个名称为"保留单色"的项目,将"行人.mp4"素材导入"项目"面板并拖入时间轴,然后执行"窗口"|"Lumetri颜色"命令,弹出"Lumetri颜色"面板。

② 在"Lumetri颜色"面板中展开"HSL辅助"属性栏,单击"吸管"按钮✐,吸取画面中红色的部分,如图11-27所示。

图11-27

③ 一边移动调整S(饱和度)和L(亮度)栏的滑块,一边观察画面的变化,直至画面中只剩下红色部分,然后将"降噪"数值设置为3,"模糊"数值设置2,如图11-28所示。

④ 在"更正"属性栏中,将"饱和度"设置为0,然后单击"彩色/灰色"属性旁边的按钮■,此时画面中除了红色部分全部变成了黑白,如图11-29所示。

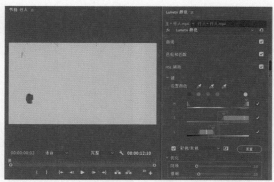

图11-28

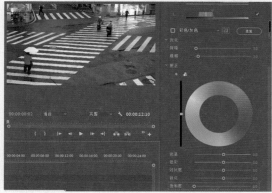

图11-29

05 在时间轴上按住Alt键+左键,将V1轨道素材向V2轨道复制一层,然后将V1轨道素材的HSL滑块全部向中间移动至数值为0,此时画面全部变成黑白色调,如图11-30所示。

图11-30

06 选中V2轨道素材,在"效果控件"面板中,单击"不透明度"属性栏中的"创建4点多边形蒙版"按钮■,然后在画面中围绕红色部分绘制一个矩形蒙版,如图11-31所示。

07 单击"蒙版路径"前的"切换动画"按钮○,在视频的起始处添加一个关键帧,然后一边移动时间线一边调整蒙版的位置,完成后的效果如图11-32~图11-34所示。

图11-31

图11-32

图11-33

图11-34

◎提示·◎

　　HSL代表的是一个色彩空间,H是色相,S是饱和度,L是亮度。色相是色彩的基本属性,即所有颜色名称的统称,例如蓝色、红色等。饱和度是色彩的浓度,色彩浓度越高,颜色越深,浓度越低,颜色越浅。亮度是色彩的明暗程度,亮度越高,色彩越白,亮度越低,色彩越黑。

11.6 实战——制作抖音主页三联拼图封面

　　本节运用剪映中的混合模式功能,将一张白底三屏素材和封面素材融合在一起,制作出短视频中流行的三联拼图封面效果,具体操作方法如下。

扫码看教学视频

① 启动剪映App，点击"开始创作"按钮
[+]，添加三联白底素材至项目中，执行"画中
画"|"新增画中画"命令，将封面素材添加至
项目中，如图11-35所示。

② 双指将封面素材放大至与白底素材重合，执
行"混合模式"|"正片叠底"命令，完成操作
后，可以看到封面素材已经融合进白底素材中，
如图11-36所示，将其导出备用。

图11-38   图11-39

图11-35   图11-36

③ 重新打开剪映App，将上一步骤中导出的视
频添加到项目中，点击"比例"按钮▣，再选择
"9∶16"选项，将素材按照分割线的位置放大至
合适大小，完成后分别导出即可，如图11-37～
图11-39所示。

11.7 实战——自由转换横竖屏画面

本节运用比例和背景功能制
作多样的横竖屏自由切换画面效
果，在达到转换比例目的的同时
也增加了画面的美感，具体操作
方法如下。

扫码看教学视频

① 启动剪映App，点击"开始创作"按钮[+]，
添加横屏素材至项目中，点击"比例"按钮▣，
再选择"9∶16"选项，使用双指将画面放大至
满屏，如图11-40所示，完成后将其导出即可得
到竖屏画面。

图11-37

图11-40

② 添加横屏素材至项目后，点击"比例"按钮
▣，选择"9∶16"选项。返回上一级，点击

"背景"按钮 ✏️，弹出"画布颜色" 🎨、"画布样式" 🖌️和"画布模糊" 💧三个选项，如图11-41所示。点击"画布颜色"按钮 🎨，选择薄荷绿色，则会得到如图11-42所示的效果；点击"画布样式"按钮 🖌️，选择小熊背景，则会得到如图11-43所示的效果；点击"画布模糊"按钮 💧，选择第三个选项，则会得到如图11-44所示的效果。

图11-41

图11-42

图11-43

图11-44

> 💡 **提示** · ○ ·
>
> 竖屏转换成横屏也适用以上操作方法。

11.8 实战——制作三分屏画面效果

本节的操作关键是建立一个竖屏序列，再将横屏素材复制粘贴并移动位置来达到三分屏的效果，具体操作方法如下。

扫码看教学视频

01 启动Premiere Pro软件，新建一个名称为"三分屏效果"的项目，将"大海.mp4"素材导入"项目"面板，按Ctrl+N组合键，弹出"新建序列"对话框，单击"设置"选项，将"帧大小"设置为1080，"水平"设置为1920，"像素长宽比"设置为"方形像素（1.0）"，"场"设置为"高场优先"，完成后单击"确定"按钮，如图11-45所示。

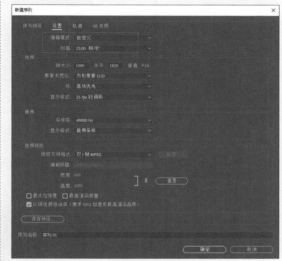

图11-45

02 将"大海.mp4"素材拖至时间轴的V1轨道中，在弹出的"剪辑不匹配警告"对话框中单击"保持现有设置"按钮，如图11-46所示。

图11-46

03 右击素材，在弹出的快捷菜单中选择"设为帧大小"选项，如图11-47所示，此时素材的大小会自动缩小为与序列大小一致的尺寸，如图11-48所示。

图11-47

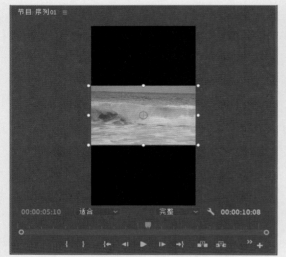

图11-48

◎提示·◦

　　缩放为帧大小即将该图层直接压缩为与当前序列大小一样的比例，当4K的视频使用缩放为帧大小变成1080P时，画质会降低，丢失画面细节。"设为帧大小"是指Premiere Pro会自动更改"效果控件–运动–缩放"的参数，使视频正好与序列尺寸匹配，不会对画质有损伤，所以一般情况下建议使用"设为帧大小"。

04 在时间轴上按住Alt键＋左键，将素材向V2和V3轨道分别复制一层。选中V2轨道素材，在"效果控件"面板中将"位置"的Y轴数值设置为320，然后再选中V3轨道素材，将"位置"的Y轴数值设置为1599，完成后的效果如图11-49所示。

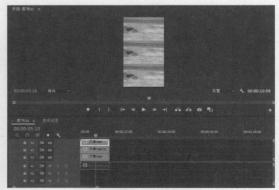

图11-49

11.9 本章小结

　　本章带领读者了解并学习了优化视频画面的不同方法，不管选用何种优化方式，最终目的都是提升画面质感。合理使用画面特效，可以将作品的主题及中心内容更为真实、清晰地传递给观众。

第12章
视频发布，将内容分享到更多平台

随着自媒体的普及，创作者和用户两个群体数量越来越庞大，短视频在注重内容的同时，还需要思考怎样才能将作品更广泛地传播出去。短视频的发布平台有很多，创作者不应只专注于一个平台进行投入，这样会造成账号风险高且收益少。作品的发布除了要选对平台，发布频次、发布时间和更新要求也有许多技巧，本章就为读者介绍一些当下热门的短视频发布平台及内容发布技巧。

12.1 将视频发布到抖音

毫无疑问，抖音是当下最热门的短视频平台，如图12-1所示。截至2020年8月，抖音的日活跃已达6亿用户，拥有巨大的流量池，因此吸引了非常多的内容创作者。抖音每天发布的作品数量庞大，而抖音也不可能给每一个发布者流量推荐，因此如何从海量作品中脱颖而出，获取到最大限度的曝光成了从业者们重点探究的问题。

图12-1

12.1.1 抖音推荐算法

能否被抖音算法抓取从而推荐给更多用户观看，主要取决于账号和互动两个方面。其中，账号个人资料是否完整、账号是否为达人，以及是否是未认证用户、内容质量高低这几个因素决定了账号的分值。视频的分值则取决于抖音平台的互动，通常受作品的完播率、点赞量、评论数、转发数和关注数这几个因素的影响。

账号分值和视频分值加起来就是整个视频质量的分值。当视频播放量为几百的时候，便会在初始流量池中与其他视频比拼，如果视频用户阅读效果

更好则会被推荐至更高一层的流量池，效果不佳则会减少推荐量，以此类推。也就是说，如果想要作品火起来，最重要就是要提高完播率、点赞量、评论数、转发数和关注数，前期数据好，后期才会得到平台更多的推荐和展示，才有机会成为播放量高的作品，如图12-2所示。

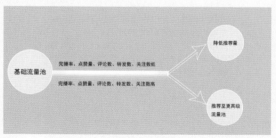

图12-2

12.1.2 抖音审核机制

抖音平台包含机器审核和人工审核双重审核机制。其中，机器审核是通过提前设置的人工智能模型来识别视频画面和关键词，这一环节主要是审核作品和文案中是否存在违规行为，如果疑似存在问题，就会被机器拦截。抖音禁止发布和传播的内容具体如图12-3和图12-4所示，大家在进行内容创作前，应仔细阅读相关条例，避免涉及违规操作。

人工审核则主要集中在视频变体、视频封面和视频关键帧这三块，被机器判定疑似存在违规行为的作品，经由人工审核（复审）后确定违规，将会受到降低流量推荐、删除、封禁或降权至仅粉丝可见、仅自己可见等处罚。

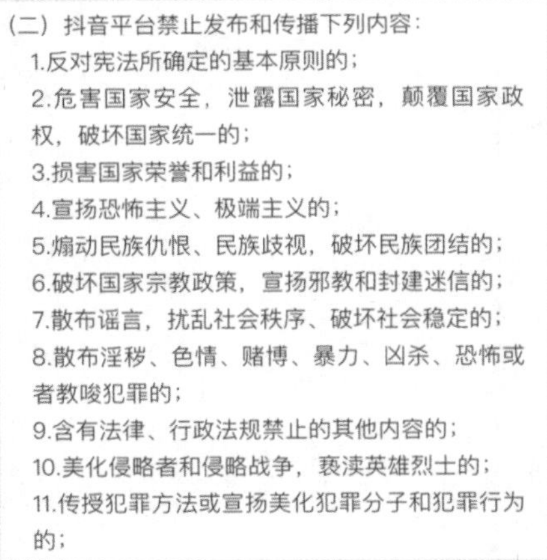

（二）抖音平台禁止发布和传播下列内容：

1.反对宪法所确定的基本原则的；

2.危害国家安全，泄露国家秘密，颠覆国家政权，破坏国家统一的；

3.损害国家荣誉和利益的；

4.宣扬恐怖主义、极端主义的；

5.煽动民族仇恨、民族歧视，破坏民族团结的；

6.破坏国家宗教政策，宣扬邪教和封建迷信的；

7.散布谣言，扰乱社会秩序，破坏社会稳定的；

8.散布淫秽、色情、赌博、暴力、凶杀、恐怖或者教唆犯罪的；

9.含有法律、行政法规禁止的其他内容的；

10.美化侵略者和侵略战争，亵渎英雄烈士的；

11.传授犯罪方法或宣扬美化犯罪分子和犯罪行为的；

图12-3

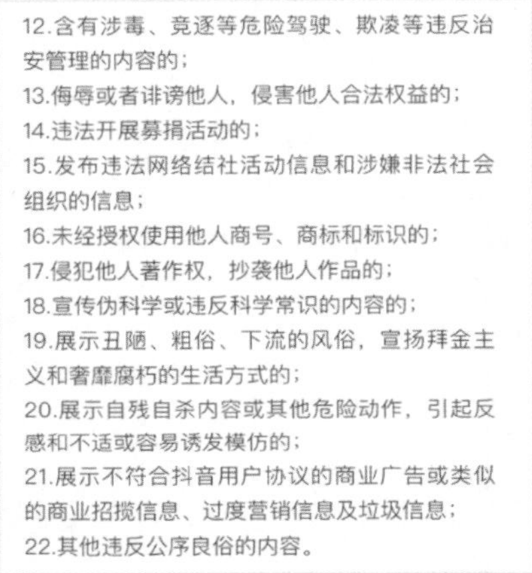

12.含有涉毒、竞逐等危险驾驶、欺凌等违反治安管理的内容的；

13.侮辱或者诽谤他人，侵害他人合法权益的；

14.违法开展募捐活动的；

15.发布违法网络结社活动信息和涉嫌非法社会组织的信息；

16.未经授权使用他人商号、商标和标识的；

17.侵犯他人著作权，抄袭他人作品的；

18.宣传伪科学或违反科学常识的内容的；

19.展示丑陋、粗俗、下流的风俗，宣扬拜金主义和奢靡腐朽的生活方式的；

20.展示自残自杀内容或其他危险动作，引起反感和不适或容易诱发模仿的；

21.展示不符合抖音用户协议的商业广告或类似的商业招揽信息、过度营销信息及垃圾信息；

22.其他违反公序良俗的内容。

图12-4

12.1.3　如何提高账号权重

抖音会根据账号的权重来进行流量分配，所以创作者除了要把控账号内容的质量，还应当对账户名、头像、昵称、简介、认证等个人信息进行完善。

1. 完善个人信息

首先，账号应当定位准确，风格明显，账号名要与账号整体风格相匹配，个人简介要清楚描述账号的定位，并配以简短且有吸引力的文案来引导用户关注，背景的设置要与账号整体风格相呼应，同时加以文字或箭头等标识引导关注。将每一个可以自定义的板块利用好，目的只有一个：吸引用户。

2. 抖音认证号

认证号即平台对用户真实身份的确认，用户在完成实名认证后，方能开通直播，对收益进行提现等，如图12-5所示为抖音实名认证界面。

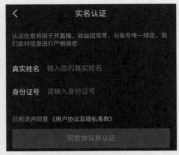

图12-5

抖音官方认证的选项包含个人认证、企业认证和机构认证这三种，完成身份认证可以为作品争取更多的流量推荐，如图12-6所示。抖音官方为企业认证号提供了众多的功能权益，如图12-7和图12-8所示。

图12-6

图12-7

图12-8

12.2　将视频发布到朋友圈

根据资料显示，截至2019年，微信月活跃用户已达11.5亿，如图12-9所示。观察周围的情况会发现，大部分短视频用户将作品发布到朋友圈的意愿都在降低，但从大数据来看，多年来微信活跃用户一直呈上升状态，这意味着关注朋友圈动态的人也在同时增多，微信朋友圈仍然是一块不可轻易放弃的流量宝地。

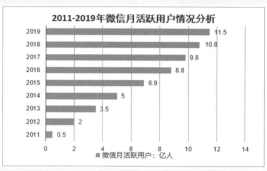

图12-9

相对于其他社交平台，微信朋友圈是一个较为封闭的环境，但是作为熟人之间的社交广场，用户对于朋友圈内信息的防备心要比其他平台低。因此，用户可以通过制作有趣、有创意的作品，与好友建立互动的桥梁，再通过好友之间的分享来达到传播的目的。在此传播过程中，可以通过抽奖、赠送礼品等方式引导用户转发作品或关注其他平台的账号，从而达到涨粉引流的目的。

下面为大家介绍如何将视频发布到朋友圈：进入微信主界面，点击底部的"发现"按钮，进入对应界面后，可以看到"朋友圈"的入口，如图12-10所示。进入"朋友圈"，点击右上角的"拍摄"按钮，如图12-11所示，选择相册中的视频内容上传至朋友圈即可。

图12-10 　　　　　图12-11

提示

长按"拍摄"按钮，可体验内部功能，发送纯文字朋友圈，如图12-12和图12-13所示。点击"拍摄"按钮，则需要上传图片或视频素材发送朋友圈，如图12-14所示。

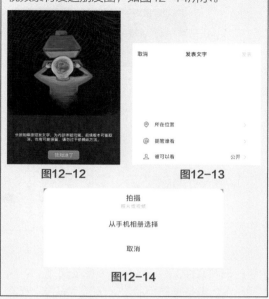

图12-12　　　　　图12-13

图12-14

12.3　在B站进行投稿

B站的全称为哔哩哔哩弹幕视频网（见图12-15），是目前国内主流的实时弹幕视频网站，目前拥有动画、番剧、国创、音乐、舞蹈、游戏、科技、生活、娱乐、鬼畜、时尚、放映厅等15个内容分区。生活、娱乐、游戏、动漫、科技是B站主要的内容品类，与此同时，B站亦开设了直播、游戏中心、周边等功能板块。根据B站发布的2020年第一季度财报来看，平台月活用户高达1.72亿，日活用户突破5000万，现在B站已成为国内年轻用户创作和消费高品质视频内容的首选平台。下面为读者详细介绍在B站进行投稿的方法。

图12-15

12.3.1　创作中心

B站为用户提供了一个"创作中心"板块，这是UP主（投稿人）进行投稿及作品管理的功能区，如图12-16所示。在B站，创作者可以进行视频投稿、专栏投稿、互动视频投稿、音频投稿和贴纸投稿，如图12-17所示，投稿后可在创作中心查看稿件数据，并对视频的评论、弹幕等进行管理。

图12-16

图12-17

提示•

视频投稿支持上传8G以内、时长小于10小时的视频文件，官方推荐的上传格式为：MP4和FLV。专栏投稿标题建议在30字以内，正文在200～20000字以内。音频投稿文件大小尽量保持在200M以内，支持MP3、WMA、WAV和FLAC格式，音频码率在400kpbs以下，否则会被系统再次压缩。贴纸投稿支持216*216px尺寸，单张在1MB内的文件，贴纸格式为JPG/PNG/GIF/WEBP，单次最多上传10张。

为了更好地鼓励UP主进行创作，B站逐渐建立并日益完善扶持体系和上升通道。在创作中心的"创作学院"面板中，可以看到平台提供了类型多样的教学视频来帮助UP主提升创作技能，如图12-18和图12-19所示，用户在创作学院中可以寻找符合自身需求的课程进行学习。

图12-19

12.3.2　封面设计

封面是夺取用户视线的第一步，一个合格的封面需要满足主体明确、画面清晰、背景不宜过杂、文字精简吸睛且大小适中等条件，如图12-20所示为B站作品封面示意图。

图12-18

图12-20

在有人物出镜的情况下，常见的封面布局如图12-21～图12-23所示。可以看到，一般情况下，人物会占到画面比例的1/3以上，主角正脸面对镜头，再在人物周边配上醒目的标题或关键字等。

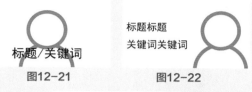

图12-21　　　　　　图12-22

图12-23

如果是在没有人物出镜的情况下拍摄，例如测评、好物分享、美食等类型，那么这类视频常见的封面布局如图12-24～图12-26所示，主要以简洁的构图来凸显主体。

图12-24　　　　　　图12-25

图12-26

在人物和美食、宠物等同时出镜的境况下，画面依然以人物为主，同时物体应放至突出位置，不宜过小，如图12-27和图12-28所示。在做美妆类视频时，常见的布局方式是将人物妆前妆后的对比图进行并列排放，如图12-29所示。

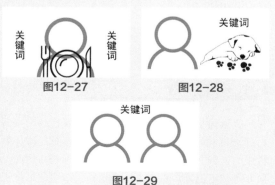

图12-27　　　　　　图12-28

图12-29

12.3.3　吸睛的标题

标题和封面同样重要，好的标题不仅要紧贴主题内容，还要有足够的吸引力。在拟写标题时要注意，文字不宜太长，以免显示不完整，尽量用有限的字数将主要内容展示给观众；减少无用的形容词，将亮点内容放在标题最前面；最后以名字或昵称结尾，方便粉丝直接搜索，如图12-30所示。

三天两夜成都行|寻找最受欢迎的美食~【小七探店】

图12-30

12.3.4　精准添加稿件标签

标签是UP主对于自身稿件的定义和分类。为稿件添加精准、合适的标签，可以有效获得对该标签感兴趣的用户的关注，从而提升视频或账号的曝光度。在B站的投稿界面，UP主可以选择平台推荐标签，或自定义内容标签，如图12-31所示。

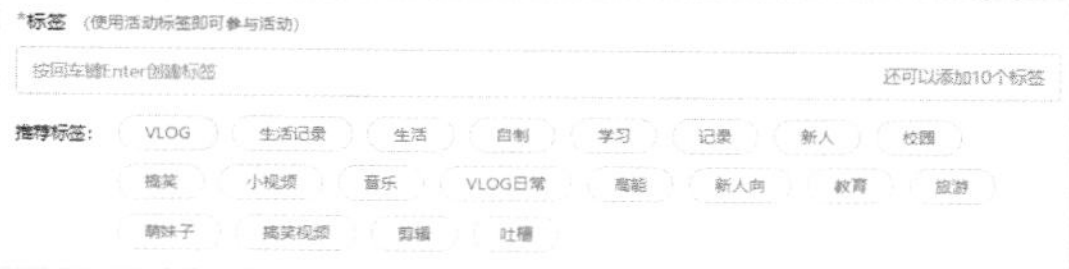

图12-31

标签种类分为活动标签、类型标签和特色标签三种。举例说明，如图12-32所示，"校园vlog""印度"和"vlog"为类型标签；"学习""中文"等为特色标签，是此视频的特点；"bilibili新星计划"和"11月打卡挑战W2"则为活动标签，添加此类标签可以获得更多话题所带来的流量和曝光度。在添加标签时尽可能添加两种及以上的标签类型，标签数量八个及以上最佳，而前三个标签最为重要，应简短精良。

图12-32

12.3.5 参与活动，赢取曝光

B站会不定期推出各种活动，各位UP主可以根据活动主题量身打造作品，在参与活动后，作品有机会在活动页中展示，以获取更多的曝光度。用户在网页端上传稿件时，可以灵活选择活动标签进行参与，如图12-33所示。此外，用户还可以从网页端的主界面中找到活动中心入口，如图12-34所示。

图12-33

图12-34

手机（移动）端用户可以从频道分区中找到"活动中心"选项，如图12-35所示。此外，用户还可以在稿件上传界面，设置分区并添加完标题后再选择活动标签，如图12-36所示。

图12-35　　　　　　图12-36

12.4 将视频发布到知乎

如图12-37所示的知乎开屏标语便可得知，知乎是一个网络问答社区，致力于构建一个友好与理性的知识分享网络。知乎自成立以来，通过认真、专业、可信赖的解答，以及源源不断地提供高质量的信息获得了公众的喜爱，而知乎创作中心，在辅助创作者进行创作的同时，还能帮助创作者获得收益。下面为读者介绍如何在知乎平台上发布视频内容。

图12-37

12.4.1 从PC端上传视频

登录知乎网页端，在首页点击"发视频"按钮 🎥，如图12-38所示。进入上传视频界面，将计算机中的视频文件进行上传，然后完成标题、封面、简介等基本设置，点击"发布视频"按钮即可将视频上传至知乎平台，如图12-39所示。

图12-38

图12-39

◎提示·◦

　　知乎官方建议上传时长大于55秒、清晰度为720P的横屏视频，视频封面格式为JPG和PNG，分辨率为1280*720。

12.4.2　从手机端上传视频

　　点击首页右上角的"添加"按钮➕，执行"发视频"操作，或在"创作中心"中选择"发视频"选项，如图12-40所示，进入视频选择页面，官方建议用户选择一分钟以上的视频，如图12-41所示。

图12-40

图12-41

　　视频选择完毕后，进入"发布视频"界面，如图12-42所示，用户完成封面、标题等基本设置后，还可以为视频进行领域精准投放，进一步提高曝光度，视频投放领域包含生活、科技数码、教育等，如图12-43所示。点击"发布视频"界面底部的"绑定活动"按钮，参与官方举办的各类活动，除了能提高曝光度，还有获取各种收益，如图12-44所示。

图12-42　　　　　　图12-43

图12-44

12.5　将视频发布到快手

快手最初是一款制作和分享GIF图片的应用，后来从单一的制作工具转型成为短视频分享平台，帮助用户记录和分享生活，如图12-45所示为快手官方网站首页。

图12-45

12.5.1　上传视频

在快手App的首页，点击"拍摄"按钮◎，进入拍摄界面，选择任意模式进行拍摄，或点击"相册"按钮▣，选择手机中提前拍摄完成的视频，如图12-46所示。在编辑界面中，可以对视频进行后期处理并添加文字、音乐、封面等，如图12-47所示。完成后点击"下一步"按钮，进入发布界面，为视频添加简介、话题并设置分享范围等，如图12-48所示。

在选择完成添加的视频后，点击"一键出片"按钮，如图12-49所示，平台会自动选取精彩片段并开始分析，如图12-50所示，分析完后得到视频最终效果，如图12-51所示，可以看到平台自动为视频添加了合适的效果。

图12-47　　　　　图12-48

图12-49

图12-46

图12-50　　　　　图12-51

> ◎提示·◦
>
> 快手支持时长15分钟以内，大小在4G以内的视频文件，推荐使用MP4格式、分辨率在720P及以上的视频上传，最高支持8K分辨率。

12.5.2 创作者服务平台

快手创作者服务平台是为创作者或机构提供管理、数据分析、内容生产等辅助工具的平台，用户在这里可以查看自己的数据、平台热点话题和热门活动等，如图12-52所示。

图12-52

在创作者学院中还有官方推出的运营指导课程，如图12-53所示，用户在发布视频前可以先进行常识学习，争取为作品赢得更大的曝光度。

图12-53

12.6 将视频发布到西瓜视频

西瓜视频（见图12-54）是一款个性化推荐视频平台，基于人工智能算法为用户推荐其感兴趣的内容，同时辅助创作者制作优良的视频分享给其他用户。下面为大家介绍如何将视频发布到西瓜视频平台。

图12-54

12.6.1　从PC端上传视频

在西瓜视频网页端的首页点击"发布视频"按钮，如图12-55所示，进入西瓜创作平台，如图12-56所示，点击上传或将视频文件拖入指定区域，上传成功后对视频的基本设置进行修改，如图12-57所示，完成后点击"发布"按钮。

图12-55

图12-56

图12-57

◎提示·◦

西瓜视频推荐上传16:9、18:9和21:9尺寸的横版视频，分辨率≥1080P同时支持2K、4K及以上，视频大小不超过32G。

12.6.2　从手机端上传视频

打开西瓜视频App，在首页点击"发布"按钮⊞，将要发布的视频选中，然后进入如图12-58所示的视频编辑界面。在该界面中，用户可以对视频进行剪辑、美化等处理，完成后点击"下一步"按钮进入发布界面，完善视频的标题、封面等基本信息，然后点击"发布"按钮，即可完成视频的上传，如图12-59所示。

图12-58　　　　　图12-59

12.6.3　创作者计划

在西瓜视频网页端，点击西瓜创作平台首页左侧菜单栏中的"创作激励"按钮，加入创作者计划，平台会帮助创作者更好地进行创作，不仅能提高视频的曝光度，还能让创作人更高效地获得和使用权益，如图12-60所示。

移动端用户在"我的"界面中点击"创作中心"按钮，如图12-61所示，然后点击"创作激励"按钮，即可进入创作者计划界面，如图12-62所示。

抖音+剪映+Premiere短视频制作从新手到高手

图12-60

图12-61

图12-62

12.7 将视频发布到微视

微视是腾讯旗下的短视频分享平台，通过简单的操作即可创作出优质的视频，记录、发现更有趣的生活，如图12-63所示。相比时下其他视频创作软件，微视的优势是可以在朋友圈发布30秒的视频。

图12-63

12.7.1 从PC端上传视频

在腾讯微视网页端的首页点击"创作服务平台"按钮，即可进入如图12-64所示的视频上传界面，用户根据上传要求将视频上传至指定区域，并完善视频的封面、简介等基本设置，然后点击"发布"按钮即可。

图12-64

◎提示•◎

官方建议，上传8秒以上的视频才有可能被平台推荐，获取更大曝光量。

12.7.2 从手机端上传视频

打开微视App，点击首页的"添加"按钮➕，弹出如图12-65所示的界面。其中，"拍摄"即实时进行拍摄；"本地上传"即添加相册中提前拍摄好的视频；"智能模板"即平台提供的视频效果模板，用户只需将自己拍好的视频添加进去，便可生成带有特殊效果的视频；"视频红包"是用户选模板拍视频，然后以红包形式分享给好友，是一种互动型玩法。

图12-65

　　点击"本地上传"按钮，在相册中添加一段视频至微视中。进入编辑界面，可以为视频添加音乐、文字等效果，如图12-66所示。完成操作后，在发布界面完善描述、权限等基本设置，同时支持将30秒的视频同步至朋友圈，如图12-67所示。

图12-66　　　　图12-67

12.8　将视频发布到今日头条

　　今日头条是一款基于数据挖掘，为用户推荐有价值、个性化信息的产品，提供连接人与信息的新型服务，是国内移动互联网领域成长极快的产品之一，如图12-68所示。在这个信息爆炸的时代，人们每天要面对的信息太多、太繁杂，以至于无法选择，今日头条便能在海量的信息中根据用户的兴趣、位置等多个维度进行个性化推荐。

看见更大的世界

头条 今日头条

图12-68

12.8.1　从PC端上传视频

　　在今日头条网页端的首页点击"发布"按钮，如图12-69所示，进入内容发布界面，将计算机中的视频上传至指定区域，如图12-70所示。

图12-69

图12-70

为了更高的推荐量和点击量，建议上传720p（1280x720）或更高分辨率的视频，大小不超过8G。

上传完成后，对视频的标题、简介等基本信息进行完善，如图12-71所示，完成后点击"发布"按钮即可。在头条号中，用户可以创建视频合集，将已发布的视频按类型组织在一个合集下，用户在观看合集内任意一个视频时，还可以看到集合内其他视频，从而提升曝光度，如图12-72所示。

基本信息后点击"发布"按钮即可。这里需要注意的是，如果上传的视频为横版，会弹出正常发布界面，用户可以自由设置标题、简介等，如图12-73所示；如果上传的是竖版视频则会弹出如图12-74所示界面，用户无法使用简介、创作收益等功能，曝光量大大降低，所以建议用户尽量上传横版视频。

图12-73   图12-74

12.9 将视频发布到微信视频号

微信视频号是微信官方推出的与公众号和个人账号平行的短视频平台。相比其他短视频平台，视频号的优势在于创作内容形式更加丰富，除了支持视频的上传外，还可以上传9张以内的图片。此外，用户在发布内容时还能添加公众号文章的链接，这样就能同步将公众号的热度引流到视频号中。

12.9.1 开通视频号

进入微信首页，点击"发现"按钮⊙，即可看到视频号入口，如图12-75所示。如果视频号入口被关闭，可以点击"我"按钮👤，然后点击"设置"选项，进入"通用"中的"发现页管理"界面，将"视频号"的开关打开，如图12-76所示。

进入视频号界面，可以看到"关注""朋友"和"推荐"三大视频查看区域，用户可以对视频进行收藏、转发、点赞和评论，如图12-77所示。

图12-71

图12-72

12.8.2 从手机端上传视频

打开今日头条App，在首页点击"发布"按钮，进入视频选择界面，将需要上传的视频选中后，点击"下一步"按钮进入发布界面，完善视频

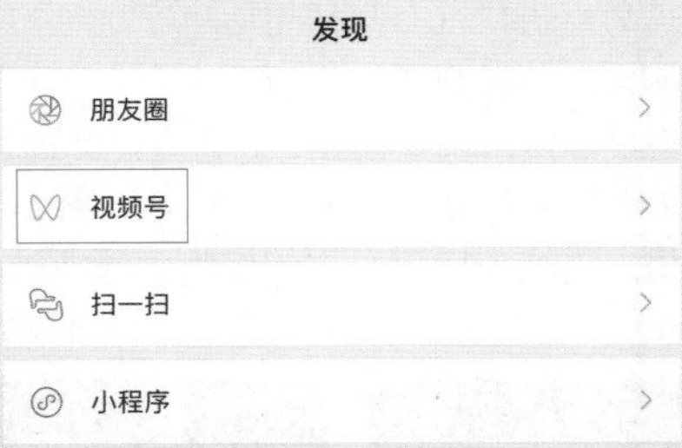

发现

朋友圈 >

视频号 >

扫一扫 >

小程序 >

图12-75

<

浏览设置

我的关注 >

赞过的动态 >

收藏的动态 >

消息 >

私信 >

权限 >

我的视频号

📷 发表视频

图12-78

<

发现页管理

打开 / 关闭发现页的入口

朋友圈 ⬤

视频号 ⬤

扫一扫 ⬤

摇一摇 ○

看一看 ○

搜一搜 ○

附近的直播和人 ○

购物 ○

游戏 ○

小程序 ⬤

关闭后，仅隐藏"发现"中该功能的入口，不会清空任何
历史数据。

图12-76

创建视频号

📷 替换头像

名字

性别 女 >

地区 📍 湖南 长沙 >

在个人名片上展示视频号 ⬤

☑ 我已阅读并同意《微信视频号运营规范》和《隐私协议》

创建

图12-79

<

关注 朋友♡ 推荐 🔍 👤

Round1

☆收藏 ↪转发 ♡89 💬5

图12-77

点击主界面右上角的"个人"👤按钮，进入
"我的视频号"界面，然后点击"发表视频"按
钮，如图12-78所示。在"创建视频号"界面填写相
关信息，点击"创建"按钮，完成视频号的创建，
如图12-79所示，创建完成的视频号主页如图12-80
所示，用户可以在这里发表视频、发起直播，还可
以查看视频号相关数据信息。

我的视频号

0人关注 >

视频号消息 >

视频号私信 >

直播收入 >

📷 ◉
发表视频 发起直播

图12-80

12.9.2 上传视频

在视频号主页点击"发表视频"按钮，即可进
入视频选择界面，在这里可以看到有"短视频"和
"完整视频"两种发表方式供用户选择，如图12-81
所示。发表内容分"半屏模式"和"全屏模式"两
种展示模式，如图12-82所示，全屏模式即最常见的
竖版短视频模式，半屏模式效果如图12-83所示，仅
展示部分内容。

抖音+剪映+Premiere短视频制作从新手到高手

图12-81

图12-84   图12-85

图12-82   图12-83

点击"完成"按钮，进入视频编辑界面，用户可以对视频进行"添加表情" 😊、"添加文字" T、"添加配乐" 🎵 和"裁剪"操作 ▣，如图12-84所示。完成编辑操作后，点击"完成"按钮，进入内容发布界面，设置封面、描述、所在位置和扩展链接等基本信息，扩展链接即用户可以添加公众号文章的链接。完成所有操作后，点击"发表"按钮即可发布内容，如图12-85所示。

◎提示·◦

视频号同时支持上传图片或视频内容，图片数量不超过9张，视频时长为1~30分钟，超过1分钟的视频将只播放前1分钟预告，完整观看需要观众自己点击，所以建议上传的视频在1分钟内。官方给出的最大竖屏尺寸是比例6：7，分辨率为1080*1260。

12.10 本章小结

短视频的传播平台众多，但并不是每一个都适用于自身账号。因此创作者在摸索的过程中，要根据自身账号的特点，着重选择几个平台进行运营，通过这些平台来获取流量，同时累计足够的粘性用户。短视频的重点不是制作发布了多少内容，而是留住了多少用户，产生了多少流量。大家需要明确的一点是：用户产生的价值远比视频多，只有用户消费了，才能达到变现的目的。

第12章 视频发布，将内容分享到更多平台